高等职业教育
新形态创新
系列教材

陕西省"十四五"职业教育规划教材
GZZK2023-1-169

U0719662

智能产品设计与制作

主　编　张　华　成　佳
副主编　李丽娜　郝　江　田　宇　杨　帆
参　编　李　鹏　王　佳

西安交通大学出版社
XI'AN JIAOTONG UNIVERSITY PRESS

图书在版编目(CIP)数据

智能产品设计与制作/张华,成佳主编. — 西安:
西安交通大学出版社,2023.11
ISBN 978-7-5693-3564-4

Ⅰ.①智… Ⅱ.①张… ②成… Ⅲ.①产品设
计－智能设计－高等职业教育－教材 Ⅳ.①TB21

中国国家版本馆 CIP 数据核字(2023)第 250182 号

书　　名	智能产品设计与制作	
	ZHINENG CHANPIN SHEJI YU ZHIZUO	
主　　编	张　华　成　佳	
策划编辑	刘艺飞	
责任编辑	刘艺飞	
责任校对	张明玥	
封面设计	伍　胜	

出版发行	西安交通大学出版社
	(西安市兴庆南路 1 号　邮政编码 710048)
网　　址	http://www.xjtupress.com
电　　话	(029)82668357　82667874(市场营销中心)
	(029)82668315(总编办)
传　　真	(029)82668280
印　　刷	西安五星印刷有限公司

开　　本	787 mm×1092 mm　1/16　**印张**　11.625　**字数**　250 千字
版次印次	2023 年 11 月第 1 版　　2023 年 11 月第 1 次印刷
书　　号	ISBN 978-7-5693-3564-4
定　　价	48.00 元

如发现印装质量问题,请与本社市场营销中心联系。
订购热线:(029)82665248　(029)82667874
投稿热线:(029)82668502

版权所有　侵权必究

前　言

随着我国高等职业教育改革不断深入，人才培养目标更加明确，课程设置更加体现工作过程和岗位要求，基于工作过程的课程体系正成为高等职业教育课程的主流，编写体现这一思想的教材已成当务之急。

国家近几年针对职业教育出台了《国家职业教育改革实施方案》《职业教育提质培优行动计划(2020—2023年)》等一系列的相关政策，提出建设一批校企"双元"共同合作开发的国家规划教材，倡导在教学中使用新型活页式、工作手册式教材及配套开发信息化资源。本教材结合陕西省课程改革契机，在相关岗位能力要求调研的基础上，依照"以工作任务为线索，以实际智能电子产品为载体，以任务实施为导向"的编写原则进行编写。首先通过项目导入模块，简要描述工作任务，再以学习目标提出知识、能力和素质要求，最后介绍项目任务。从简单到复杂，逐步递进，对学生进行创新产品技能训练，阐述了智能产品设计与开发的全过程，多角度、全方位地体现高职教育特色。

本教材以国家职教20条为指导，采用最新的活页式教材，源于职业典型工作任务，基于"校企合作双元、工学结合一体"人才培养模式，服务于企业用人需求，满足学习者职业生涯发展需求。活页式教材在内容选择方面，按照工作过程的顺序和学生自主学习的要求进行教学设计并安排教学活动，实现理论教学与实践教学融通合一、能力培养与工作岗位对接合一、实习实训与顶岗工作学做合一。活页式教材是帮助学生实现有效学习的重要工具，其核心任务是帮助学生学会如何工作。与同类教材相比，本教材具有以下特点。

(1)在教材功能上，除了一般教材具有的思想品德教育功能外，还突出其职业引导功能。通过教材使学生了解职业、热爱职业岗位，帮助学生树立正确的价值观、择业观，培养良好的职业道德和职业意识。

(2)在教材内容的遴选、取舍方面，更突出教学内容的实用性和实践性，坚持以职业能力为本位，以应用为目的，以必需、够用为度，满足职业岗位的需要，与相应的职业资格标准或行业技术等级标准接轨。

(3)在教材内容的组织结构方面，与学科体系教材不同，本教材按照"以全面素质为基础""以职业能力为本位"的教学理念，符合学生的认知规律和技能养成规律；遵循劳动过程的系统化，符合工作过程逻辑；坚持以应用为主线，不强调理论知识的系统性、完整性，不迫求教材的学科结构与严密的逻辑体系，以适应课程综合化和模块化的需要。

（4）在教材内容的表达、呈现方面，适应学生的心理特点和认知习惯，语言简明通顺、浅显易懂、生动有趣，多采用与真实工作过程一致的图像，做到图文并茂、引人入胜。

本教材理论内容适当，实用性强，紧密结合学生的职业能力培养目标，从智能电子产品设计与开发的一般规律出发，以循序渐进的方式使学生获得比较完成的智能电子产品设计与开发的基本能力，具备从事电子产品的辅助设计与开发的能力。

本教材以具体任务为导向，采用过程评价与产品评价相结合的原则，以学生自我评价和小组互评为主，教师在评价过程中仅起引导作用。本书由铜川职业技术学院张华、成佳任主编，铜川职业技术学院李丽娜、郝江、田宇、杨帆任副主编，铜川铜人科技有限公司李鹏、王佳参编。

由于编者经验不足，且高等职业教育发展迅猛，书中难免存在不足之处，敬请各位读者批评指正。

编者
2023 年 10 月

目　录

项目准备
认识 STC89C52 单片机

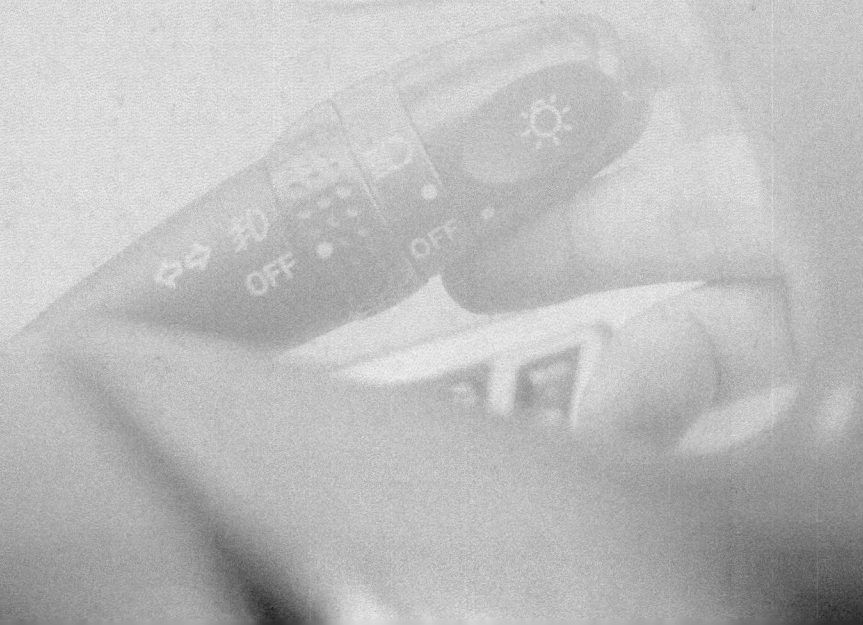

引导学习

请同学们结合本项目相关知识，认真查阅资料，通过个人学习、小组讨论的方式完成以下学习任务。

(1)当前我国芯片的发展情况如何？

_____

_____

_____

_____

_____

_____

_____

_____

(2)51系列单片机的主流产品有哪些？请写出这些主流产品典型机型的型号和特点。

_____

_____

_____

_____

_____

_____

_____

_____

(3)简述 STC89C52 单片机的结构及特点。

_____

_____

_____

_____

(4)STC89C52 单片机的封装形式有哪些？

_____

_____

_____

_____

(5)请简述单片机应用系统开发的流程。

_____

_____

_____

_____

_____

(6)请绘制 STC89C52 单片机 DIP 封装的引脚图，并说明每个引脚的功能。

(7) STC89C52 单片机的特殊功能寄存器有哪些？写出这些特殊功能寄存器的名称及地址。

_____

_____

_____

_____

_____

_____

(8) 请绘制 STC89C52 单片机工作时的时钟电路和复位电路。

相关知识

一、STC89C52 单片机的基本结构

STC89C52 单片机是一款高速、低功耗、超强抗干扰的单片机，其指令代码完全兼容传统的 8051 单片机，12 个时钟/机器周期和 6 个时钟/机器周期可以任意选择。此外，STC89C52 单片机支持软件选择空闲模式和掉电模式两种节电模式。在空闲模式下，CPU 停止工作，允许 RAM、定时器/计数器、串口、中断继续工作；在掉电模式下，RAM 内容被保存，振荡被冻结，单片机一切工作停止，直到下一个中断或硬件复位为止。

STC89C52 单片机主要包含以下部件。

(1)一个 8 位的 CPU。

(2)一个片内振荡器及时钟电路。

(3)8 KB 片内 Flash(闪速)存储器，擦写次数 10 万次以上。

(4)片上集成 512 字节的数据存储器。

(5)最多 39 条可编程的 I/O 口线。

(6)3 个 16 位定时器/计数器。

(7)一个可编程全双工串行口。

(8)最多具有 8 个中断源。

STC89C52 单片机的中文介绍
(网络资源)

STC89C52 单片机的内部硬件结构框图如图 0-1 所示。

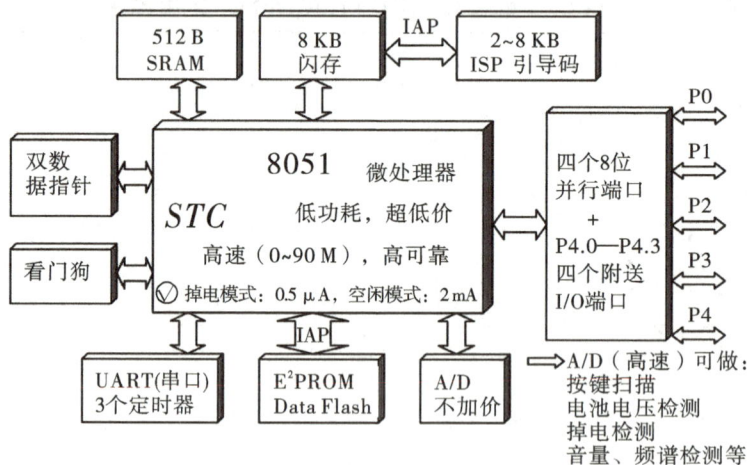

图 0-1　STC89C52 单片机内部硬件结构框图

二、STC89C52 单片机的引脚功能

DIP 封装的 STC89C52 单片机共有 40 个引脚，其外形与引脚分布如图 0-2 所示。

(1)VCC(40 引脚)：电源端，+5 V。

(2)VSS(20 引脚)：接地端。

(3)P0 端口(P0.0～P0.7，39～32 引脚)：P0 口是一个漏极开路的 8 位双向 I/O 口。作为输出端口，每个引脚能驱动 8 个 TTL 负载，对端口 P0 写入"1"时，可以作为高阻抗输入。在访问外部程序和数据存储器时，

STC89C52 单片机的引脚功能

P0 口也可用作低 8 位地址和 8 位数据的复用总线。此时，P0 口具有内部上拉电阻。在

Flash ROM 编程时，P0 口用来接收指令字节；在校验程序时，则用来输出指令字节。程序校验时，需要外接上拉电阻。

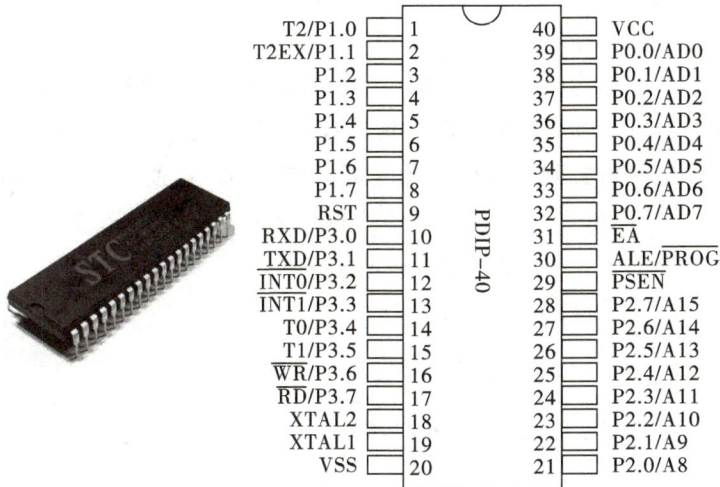

图 0-2　STC89C52 单片机外形及引脚分布图　　　　STC89C52 单片机的引脚排列

（4）P1 端口（P1.0～P1.7，1～8 引脚）：P1 口是一个具有内部上拉电阻的 8 位双向 I/O 口。P1 的输出缓冲器能驱动（吸收或者输出电流方式）4 个 TTL 输入。对 P1 端口写入"1"时，通过内部的上拉电阻把端口拉到高电位，此时可作为输入口使用。P1 口作输入口使用时，因为有内部上拉电阻，那些被外部拉低的引脚会输出一个电流。

此外，P1.0 和 P1.1 还可以作为定时器/计数器 2 的外部计数输入（P1.0/T2）和定时器/计数器 2 的触发输入（P1.1/T2EX），具体如下表 0-1 所示。在对 Flash ROM 编程和程序校验时，P1 口接收低 8 位地址。

表 0-1　P1.0 和 P1.1 引脚复用功能

引脚号	功能特性
P1.0	T2（定时器/计数器 2 外部计数输入），时钟输出
P1.1	T2EX（定时器/计数器 2 捕获/重装触发和方向控制）

（5）P2 端口（P2.0～P2.7，21～28 引脚）：P2 口是一个带内部上拉电阻的 8 位双向 I/O 端口。P2 的输出缓冲器可以驱动（吸收或输出电流方式）4 个 TTL 输入。对 P2 端口写入"1"时，通过内部上拉电阻把端口拉到高电平，此时可以作为输入口使用。P2 口作为输入口使用时，因为有内部上拉电阻，那些被外部信号拉低的引脚会输出一个电流。

在访问外部程序存储器或访问 16 位地址的外部数据存储器（如执行"MOVX @

DPTR"指令)时，P2 送出高 8 位地址。在访问 8 位地址的外部数据存储器(如执行"MOVX @R1"指令)时，P2 口输出 P2 口引脚上的内容(就是专用寄存器(SFR)区中的 P2 寄存器的内容)，在整个访问期间不会改变。在对 Flash ROM 编程和程序校验期间，P2 口也接收高 8 位地址和一些控制信号。

(6)P3 端口(P3.0～P3.7，10～17 引脚)：P3 口是一个具有内部上拉电阻的 8 位双向 I/O 端口。P3 口的输出缓冲器可驱动(吸收或输出电流)4 个 TTL 输入。对 P3 端口写入"1"时，通过内部上拉电阻把端口拉到高电位，此时可以作为输入口使用。P3 口作为输入口使用时，因为有内部上拉电阻，那些被外部信号拉低的引脚会输出一个电流。在对 Flash ROM 编程或程序校验时，P3 口也可接收一些控制信号。P3 口除作为一般 I/O 口外，还有其他一些复用功能，如表 0-2 所示。

表 0-2 P3 口引脚复用功能

引脚号	复用功能
P3.0	RXD(串行输入口)
P3.1	TXD(串行输出口)
P3.2	$\overline{INT0}$(外部中断 0)
P3.3	$\overline{INT1}$(外部中断 1)
P3.4	T0(定时器 0 的外部输入)
P3.5	T1(定时器 1 的外部输入)
P3.6	$\overline{WR}$(外部数据存储器写选通)
P3.7	$\overline{RD}$(外部数据存储器读选通)

(7)RST(9 引脚)：复位输入。当振荡器工作时，该引脚出现连续两个机器周期以上的高电平时，单片机将进行复位操作。看门狗计时完成后，RST 引脚输出 96 个晶振周期的高电平。特殊寄存器 AUXR(地址 8EH)上的 DISRTO 位可以使此功能无效。DISRTO 默认状态下，复位高电平有效。

(8)ALE/$\overline{PROG}$(30 引脚)：地址锁存控制信号。当访问外部程序存储器或数据存储器时，ALE 用于锁存低 8 位地址。一般情况下，ALE 以晶振六分之一的固定频率输出脉冲，可用来作为外部定时器或时钟使用。特别强调，在每次访问外部数据存储器时，ALE 脉冲将会跳过。如果需要，可通过对特殊功能寄存器(SFR)区中的 8EH 单元的 D0 位置"1"，使 ALE 操作无效。该位置"1"后，ALE 仅在执行 MOVX 或 MOVC 指令时有效。否则，ALE 将被微弱拉高。这个 ALE 使能标志位(地址位 8EH 的 SFR 的第 0 位)的设置对微控制器处于外部执行模式下无效。在 Flash 编程时，此引脚也用作编程输入脉冲。

(9)$\overline{\text{PSEN}}$(29引脚):外部程序存储器读选通端,低电平有效。当访问外部程序存储器时,此引脚定时输出负脉冲作为片外程序存储器的读选通端。

(10)$\overline{\text{EA}}$/VPP(31引脚):访问外部程序存储器控制信号。为了能访问外部程序存储器(地址为0000H到FFFFH),$\overline{\text{EA}}$引脚必须接低电平(接地)。当$\overline{\text{EA}}$引脚为高电平(接VCC端)时,CPU则访问内部程序存储器。在Flash编程期间,该引脚接+12 V编程电压。

(11)XTAL1(19引脚):片内振荡器反相放大器和内部时钟发生电路的输入端。用片内振荡器时,该引脚接外部石英晶体和微调电容。外接时钟源时,该引脚接外部时钟振荡器的信号。

(12)XTAL2(18引脚):片内振荡器反相放大器的输出端。当使用片内振荡器时,该引脚连接外部石英晶体和微调电容。当使用外部时钟源时,该引脚悬空。

三、STC89C52单片机存储器

STC89C52单片机存储器的结构特点之一是将程序存储器和数据存储器分开(哈佛结构),并有各自的访问指令。STC89C52系列单片机的存储器分布如图0-3所示。(特别说明:图中阴影部分的访问由辅助寄存器AUXR(地址为8EH)的第EXTRAM位设置,这部分在物理上属于内部RAM,在逻辑上占用外部RAM地址空间。)

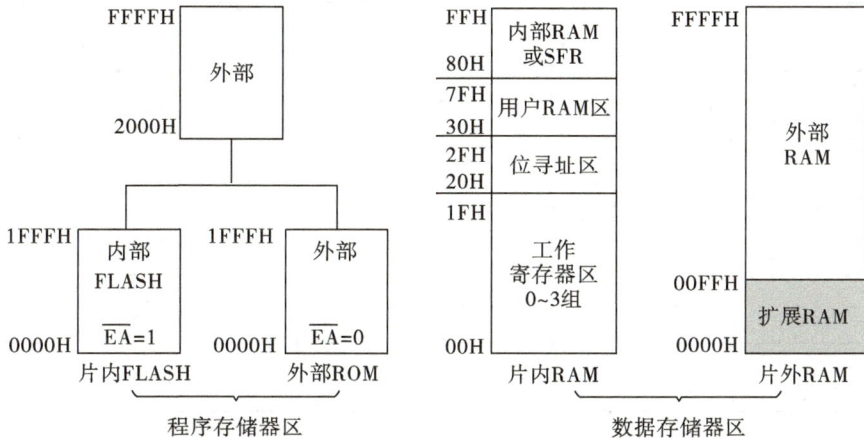

图0-3　STC89C52单片机的存储器分布图

1. STC89C52单片机程序存储器

单片机程序存储器存放程序和表格之类的固定常数。片内为8 KB的Flash,地址为0000H~1FFFH。16位地址线,可外扩的程序存储器空间最大为64 KB,地址为0000H~FFFFH。使用时应注意以下问题:

(1)分为片内和片外两部分，访问片内的还是片外的程序存储器，由 $\overline{EA}$ 引脚电平确定。

当 $\overline{EA}=1$ 时，CPU 从片内 0000H 开始读取指令，当 PC 值没有超出 1FFFH 时，只访问片内 Flash 存储器，当 PC 值超出 1FFFH 时，将自动转向读片外程序存储器空间 2000H～FFFFH 内的程序。

当 $\overline{EA}=0$ 时，只能执行片外程序存储器(0000H～FFFFH)中的程序，不执行片内 8 KB Flash 存储器。

(2)程序存储器某些固定单元用于各中断源中断服务程序入口。

STC89C52 单片机复位后，程序存储器地址指针 PC 的内容为 0000H，于是程序从程序存储器的 0000H 开始执行，一般在这个单元存放一条跳转指令，跳向主程序的入口地址。

除此之外，程序存储器空间中有 8 个特殊单元分别对应 8 个中断源的中断入口地址，见表 0 − 3。通常这 8 个中断入口地址处都放一条跳转指令跳向对应的中断服务子程序，而不是直接存放中断服务子程序。因为两个中断入口间的间隔仅有 8 个单元，一般不够存放中断服务子程序。

表 0 − 3　程序存储器空间的 8 个中断源入口地址

中断源	中断源入口地址
$\overline{INT0}$	0003H
T0	000BH
$\overline{INT1}$	0013H
T1	001BH
UART	0023H
T2	002BH
$\overline{INT2}$	0033H
$\overline{INT3}$	003BH

2. STC89C52 单片机数据存储器

STC89C52 系列单片机内部集成了 512 B RAM，可用于存放程序执行的中间结果和过程数据。内部数据存储器在物理和逻辑上都分为两个地址空间：内部 RAM(256 B)和内部扩展 RAM(256 B)。此外，还可以访问在片外扩展的 64 KB 数据存储器。

1)片内数据存储器

传统的 89C52 单片机的内部 RAM 只有 256 B 的空间可供使用，而 STC89C52 系列单片机内部扩展了 256 B 的 RAM。因此，STC89C52 单片机内部 512 B 的 RAM 就有 3 个部分：低 128 B(00H～7FH)内部 RAM；高 128 B(80H～FFH)内部 RAM；内部扩展的 256 B 的 RAM 空间(00H～FFH)。

① 低 128 B(00H～7FH)的空间既可以直接寻址也可以间接寻址。内部低 128 B 的 RAM 可分为工作寄存器组 0(00H～07H)8 个字节、工作寄存器组 1(08H～0FH)8 个字节、工作寄存器组 2(10H～17H)8 个字节、工作寄存器组 3(18H～1FH)8 个字节、可位寻址区(20H～2FH)16 个字节、用户 RAM 和堆栈区(30H～7FH)80 个字节。

② 高 128 B(80H～FFH)的空间和特殊功能寄存器区 SFR 的地址空间(80H～FFH)貌似共用相同的地址范围，但物理上是独立的，使用时通过不同的寻址方式加以区分：高 128 B 只能间接寻址，而特殊功能寄存器区 SFR 只能直接寻址。

③ 内部扩展 RAM，在物理上是内部，但逻辑上占用外部数据存储器的部分空间，需要用 MOVX 来访问。内部扩展 RAM 是否可以被访问是由辅助寄存器 AUXR(地址为 8EH)的第 EXTRAM 位来设置的。

2)片外数据存储器

当片内 RAM 不够用时，需外扩数据存储器，STC89C52 单片机最多可外扩 64 KB 的 RAM。注意，片内 RAM 与片外 RAM 两个空间是相互独立的，片内 RAM 与片外 RAM 的低 256 B 的地址是相同的，但由于使用的是不同的访问指令，所以不会发生冲突。

注意，只有在访问真正的外部数据存储器期间，$\overline{WR}$ 或 $\overline{RD}$ 信号才有效。但当 MOVX 指令访问物理上在内部、逻辑上在外部的片内扩展 RAM 时，这些信号将被忽略。

3. STC89C52 单片机特殊功能寄存器

STC89C52 单片机中的 CPU 对片内各功能部件采用特殊功能寄存器集中控制。特殊功能寄存器 SFR 的单元地址映射在片内 RAM 的 80H～FFH 区域中，离散地分布在该区域，其中字节地址以 0H 或 8H 结尾的特殊功能寄存器可以进行位操作。

四、单片机最小系统

单片机最小系统是利用最少的外围器件而使单片机工作的电路组织形式。单片机最小系统能满足工作的最低要求，但不能对外完成控制任务，实现人机对话。要进行人机对话还要有一些输入、输出部件，控制时还要有执行部件。常见的输入部件有开关、按钮、键盘、鼠标等，输出部件有 LED 指示灯、数码管、显示器等，执行部件有继电器、电磁阀等。

　　一般来说，单片机最小系统主要包括单片机、时钟电路、复位电路和电源电路。时钟电路为单片机提供基本时钟信号，复位电路用于将单片机内部各部分电路的状态恢复到初始状态。电源电路为单片机提供正常的电压信号。

1. 复位电路

　　复位是单片机的初始化操作。单片机启动运行时，都需要先复位，其作用是使CPU 和系统中其他部件处于一个确定的初始状态，并从这个初始状态开始工作。因而，复位是一个很重要的操作方式。但单片机本身是不能自动进行复位的，必须配合相应的外部电路才能实现。

　　单片机的复位引脚 RST（9 脚），是复位信号的输入端口，高电平有效。在时钟振荡器稳定工作的情况下，该引脚若由低电平上升到高电平并且持续 2 个机器周期（若晶振频率为 12 MHz，则两个机器周期为 2 μs），则系统将实现一次复位操作。当复位引脚 RST 持续高电平，则单片机循环复位，只有当复位引脚 RST 由高电平变成低电平以后，单片机才从 0000H 地址开始执行程序。

　　常见的单片机复位操作主要有上电自动复位和按键手动复位。复位电路如图 0-4所示。

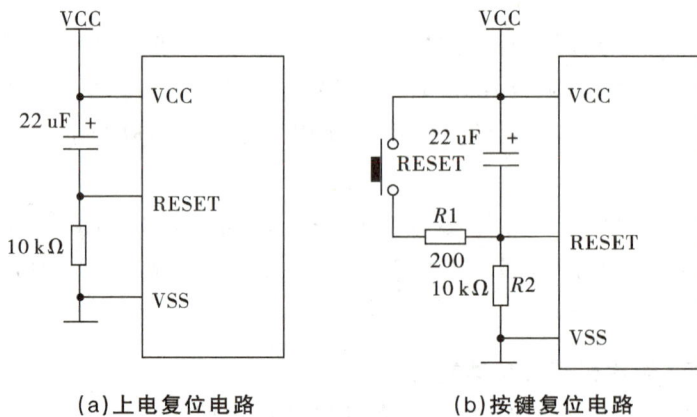

(a)上电复位电路　　　　　　　　(b)按键复位电路

图 0-4　单片机复位电路

　　1）上电自动复位

　　上电自动复位是通过外部复位电路的电容充电来实现的。通常复位引脚上高电平必须持续 10 ms 以上才能保证有效复位。

　　2）按键手动复位

　　按键手动复位是通过复位端经电阻与电源 VCC 接通而实现的，它兼备上电复位功能。

轻触按键　　　　电解电容讲解　　　色环电阻阻值识读　　色环电阻阻值(实物举例)

轻触开关的工作原理及结构分类　　电解电容器构造及工作原理　　电子元器件之电阻器

2. 时钟电路

时钟电路就是一个振荡器，给单片机提供一个节拍，单片机执行各种操作必须在这个节拍的控制下才能进行。因此单片机没有时钟电路是不会正常工作的。单片机片内有一个高增益的反相放大器，反相放大器的输入端为 XTAL1，输出端为 XTAL2，由该放大器构成的振荡电路和时钟电路一起构成了单片机的时钟方式。单片机的时钟方式可分为内部时钟方式和外部时钟方式。

1)内部时钟方式

在单片机的 XTAL1 和 XTAL2 两个引脚间跨接石英晶体振荡器和微调电容，就可以构成内部时钟电路，如图 0-5 所示。通常晶振的频率可在 1.2～12 MHz 之间任选，电容 C_1 和 C_2 可在 20～100 pF 之间选择，通常取 30 pF。一般采用内部时钟方式产生工作时序。

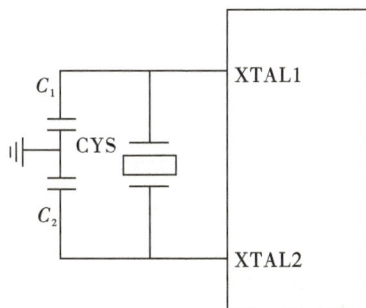

图 0-5　内部时钟方式

2)外部时钟方式

此方式利用外部振荡脉冲接入 XTAL1 或 XTAL2。对于 STC89C52 系列单片机，因内部时钟发生器的信号取自反相器的输入端，故采用外部时钟源时，接线方式为外部时钟源直接接到 XTAL1 端，XTAL2 端悬空。现成的外部振荡器产生脉冲信号，常用于多片单片机同时工作，以便于多片单片机之间的同步。

【思政要点】：通过了解芯片制造流程和我们国家芯片技术的发展情况及发展趋势，激发学习兴趣，增强自信心和自豪感，增强科技报国的热情和使命担当。

项目一
数字电压表设计

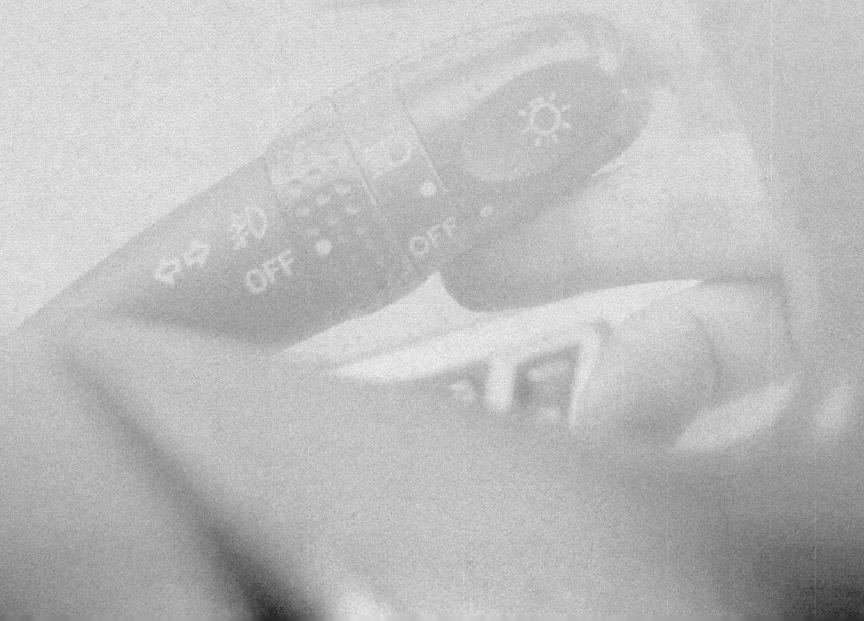

项目导入

在实际电量测量中，电压是最常需要测量的量，而且随着电子技术的发展，更是需要经常测量高精度要求的电压。因此，数字电压表就成了一个必不可少的测量仪器。

近日，小王在做直流电路电压电位测量实验时，发现电压表出现故障无法进行电路电压的测量，现需要我们设计一个简易数字电压表。

学习目标

1. 知识目标

(1)了解 STC89C52 单片机的内部结构及引脚功能。

(2)掌握 STC89C52 单片机最小应用系统的工作原理及构成。

(3)了解 LED 数码管显示器的结构及工作原理。

(4)掌握 LED 数码管显示器的静态显示原理和动态显示原理。

(5)掌握 LED 数码管动态显示电路的设计和程序的编写。

(6)了解 ADC0832 芯片的工作原理及引脚功能。

(7)掌握 ADC0832 芯片与单片机的连接及程序编写。

(8)掌握 C51 程序的编写方法及技巧。

(9)熟悉 Keil 软件的基本操作方法。

(10)熟悉 Proteus 软件的基本操作方法。

2. 能力目标

(1)能够完成数字电压表的电路设计和程序编写。

(2)能够使用 Keil 软件进行单片机程序的仿真调试。

(3)能够使用 Proteus 软件进行单片机系统的仿真。

(4)能够完成数字电压表的焊接制作与调试。

3. 素质目标

(1)通过课前预习查阅资料，培养获取信息、自我学习的能力。

(2)通过分组讨论，培养团队协作，交流沟通、互帮互助的意识。

(3)培养学生勤于思考，勇于承担责任的意识。

(4)通过了解我国当前芯片的发展情况及发展趋势，培养文化自信及多元文化认同感。

(5)树立正确的劳动观念，养成劳动习惯。

(6)培养一丝不苟、精益求精的工匠精神。

(7)培养从小事做起，从点点滴滴做起的习惯。

（8）通过项目制作，培养规范操作，安全生产和节能环保的意识。

项目任务

本项目任务为设计一个基于单片机的简易数字电压表，该电压表的测量范围为直流 0～5 V，测量电压值能够通过 LED 数码管实时显示。要求采用 ADC0832 芯片进行模拟电压值的采样，使用 4 位一体数码管进行测量结果的显示。

数字电压表动画

项目总体设计

　　根据本项目设计要求，数字电压表电路主要由单片机最小系统、数码管显示电路和 A/D 转换电路组成，系统框图如图 1-1 所示。A/D 转换电路采用 ADC0832 芯片，它可以把采集到的电压模拟信号转换成相应的数字量，传送给单片机进行数据处理。数码管显示电路采用 4 位一体共阳极数码管，进行电压测量值的显示。

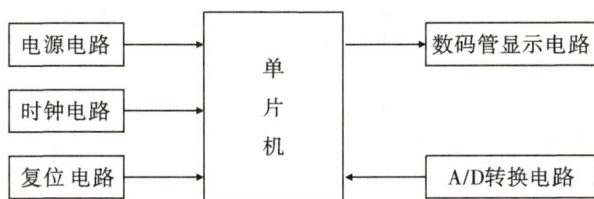

图 1-1　数字电压表系统框图

引导学习

　　请同学们结合本项目相关知识，认真查阅资料，通过个人学习、小组讨论的方式完成以下学习任务。

　　(1)请写出 LED 数码管显示十进制数对应的字形码(二进制编码)。

显示字符	共阳极数码管	共阴极数码管	显示字符	共阳极数码管	共阴极数码管
0			6		
1			7		
2			8		
3			9		
4			全亮		
5			全灭		

（2）什么是数码管的静态显示和动态显示？简述静态显示和动态显示的优缺点。

_____

_____

_____

_____

_____

_____

（3）简述 4 位一体数码管的结构。

_____

_____

_____

_____

_____

_____

（4）请绘制 4 位一体数码管的引脚图，并简述其引脚功能。

(5)请参考资料绘制 4 位数码管动态显示的电路图。

(6)请简述 ADC0832 芯片的主要参数和工作流程。

_____

_____

_____

_____

(7)请绘制单片机与 ADC0832 芯片的连接电路图,并说明每个引脚这样连接的
原因。

（8）请查阅资料，结合所学知识绘制数字电压表的硬件电路图。

（9）简述数字电压表的程序设计思路。

相关知识

一、LED 数码管介绍

1. LED 数码管的结构及原理

LED 数码管实际上是由七个发光二极管组成的 8 字形结构，再加上小数点就是 8 个段码，这些段分别由字母 a、b、c、d、e、f、g、dp 来表示。当某些段的发光二极管导通时，显示对应的字符。数码管引脚及外形如图 1-2 所示。

（a）七段数码管引脚图　　（b）一位数码管　　（c）四位数码管

图 1-2　LED 数码管引脚及外形

按照数码管中发光二极管的连接方式不同分为共阳极数码管和共阴极数码管。数码管内部连接方式如图 1-3 所示。

共阳极数码管是指将所有发光二极管的阳极接到一起形成公共阳极（COM）的数码管。共阳极数码管在应用时应将公共极 COM 接到电源上。当某一字段发光二极管的阴极为低电平时相应字段就点亮，当某一字段的阴极为高电平时，相应字段就不亮。

共阴极数码管是指将所有发光二极管的阴极接到一起形成公共阴极（COM）的数码管。共阴极数码管在应用时应将公共极 COM 接到地线 GND 上。当某一字段发光二极管的阳极为高电平时，相应字段就点亮，当某一字段的阳极为低电平时，相应字段就不亮。

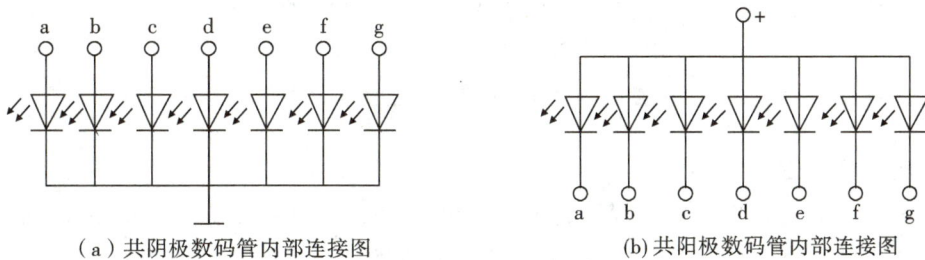

（a）共阴极数码管内部连接图　　　　（b）共阳极数码管内部连接图

图 1-3　数码管内部连接

使用 LED 数码管时，要注意区分共阴极和共阳极两种不同的接法。例如：显示一个"2"字，只要将数码管的 a、b、g、e、d 点亮，其他的 f、c、dp 不亮就行。对于共阳极数码管需要给 a、b、g、e、d 段接低电平 0，才可以保证对应的数字段亮，其他的 f、c、dp 段接高电平 1，则对应的二进制编码为 10100100B(A4H)。对于共阴极数码管需要给 a、b、g、e、d 段接高电平 1，才可以保证对应的数字段亮，其他的 f、c、dp 段接低电平 0，则对应的二进制编码为 01011011B(5BH)。

4 位数码管引脚介绍

4 位数码管工作原理及引脚图

2. 数码管显示方式

LED 数码管的显示方式可分为静态显示方式和动态显示方式两类。

1）静态显示方式

静态显示方式是指每个数码管的每一个段码都由单片机的一个 I/O 口进行驱动。静态显示的优点是编程简单，显示亮度高，缺点是占用 I/O 口多，如驱动 5 个数码管静态显示则需要 5×8＝40 根 I/O 口来驱动，而一个单片机可用的 I/O 口只有 32 个。因此，静态显示方式只适用于显示位数较少的场合。LED 数码管的静态显示方式如图 1－4 所示。

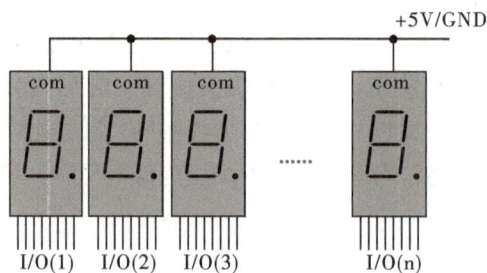

图 1－4　LED 数码管静态显示方式

2）动态显示方式

动态显示方式是将所有数码管的 8 个段码 a、b、c、d、e、f、g、dp 的同名端并连在一起，由同一个 8 位并行输出端口控制，而各位显示器的公共端即位控端，分别由不同输出口线控制。

当单片机输出字形码时，所有数码管都接收到相同的字形码，但究竟是哪个数码管会显示出字形，取决于单片机对位选通 COM 端电路的控制，所以只要将需要显示的数码管的选通控制打开，该位就显示出字形，没有选通的数码管就不会亮。

通过分时轮流控制各个 LED 数码管的公共端 COM，就使各个数码管轮流受控显示，这就是数码管的动态显示。在轮流显示过程中，每位数码管的点亮时间为 1～2 ms，由于人的视觉暂留现象及发光二极管的余晖效应，尽管实际上各位数码管并非同时点亮，但只要扫描的速度足够快，给人的印象就是一组稳定的显示数据，不会有闪烁感。动态显示的效果和静态显示是一样的，能够节省大量的 I/O 口，而且功耗更低。

三极管的结构	三极管引脚判断方法	三极管引脚功能及种类参数

二、模数转换芯片 ADC0832

ADC0832 是一种 8 位分辨率、双通道 A/D 转换芯片。由于它体积小，兼容性强，性价比高而深受单片机爱好者及企业欢迎，其目前已经有很高的普及率。

ADC0832 为 8 位分辨率 A/D 转换芯片，其最高分辨可达 256 级，可以适应一般的模拟量转换要求。其内部电压输入与参考电压的复用，使得芯片的模拟电压输入在 0～5 V 之间。芯片转换时间仅为 32 μs，据有双数据输出可作为数据校验，以减少数据误差，转换速度快且稳定性能强。独立的芯片使能输入，使多器件挂接和处理器控制变得更加方便。通过 DI 数据输入端，可以轻易地实现通道功能的选择。

ADC0832 芯片介绍

ADC0832

1. ADC0832 芯片的引脚功能

ADC0832 的引脚如图 1-5 所示。

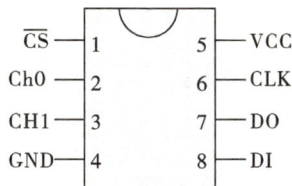

$\overline{CS}$	1	5	VCC
Ch0	2	6	CLK
CH1	3	7	DO
GND	4	8	DI

图 1-5　ADC0832 芯片引脚图

ADC0832 引脚功能如表 1-1 所示。

表 1－1　ADC0832 引脚功能

引脚编号	引脚名称	功能说明
1	$\overline{CS}$	片选使能端，低电平有效
2	CH0	模拟输入通道 0，或作为 IN＋/－使用
3	CH1	模拟输入通道 1，或作为 IN＋/－使用
4	GND	接地端
5	DI	数据信号输入，选择通道控制
6	DO	数据信号输出，转换数据输出
7	CLK	芯片时钟输入
8	VCC	电源端

2. 单片机与 ADC0832 的连接

正常情况下 ADC0832 与单片机的接口应为 4 条数据线，分别是 CS、CLK、DO、DI。但由于 DO 端与 DI 端在通信时不是同时有效并与单片机的接口是双向的，所以电路设计时可以将 DO 和 DI 并联在一根数据线上使用。单片机与 ADC0832 芯片的连接电路如图 1－6 所示。

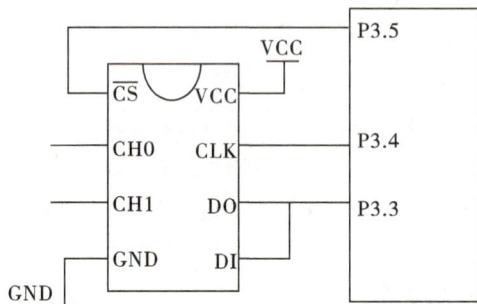

图 1－6　单片机与 ADC0832 的电路连接原理图

任务实施

一、数字电压表的硬件电路设计

1. 单片机最小系统电路

请绘制数字电压表最小系统电路。

数字电压表最小系统电路	评价

2. A/D 转换电路设计

本项目采用 ADC0832 芯片实现模数转换，当采用 5 V 电源供电时，其模拟输入电压在 0~5 V 之间，电压分辨精度为 0.01956 V。请绘制数字电压表 A/D 转换电路。

数字电压表 A/D 转换电路	评价

3. LED 数码管显示电路设计

本项目采用 4 位一体共阳极数码管，通过动态显示方式驱动数码管显示数据。请绘制数字电压表的 LED 数码管显示电路。

数字电压表的 LED 数码管显示电路	评价

4. 数字电压表硬件电路图

请绘制数字电压表的硬件电路图。

数字电压表硬件电路图（可另附纸）	评价

二、数字电压表的程序设计

数字电压表的程序主要由主程序、数码管显示程序、A/D 转换程序构成。主程序主要用于调用 A/D 转换测量程序和显示程序。数码管显示程序主要用于驱动数码管显示数据。在显示前，先要对 A/D 转换后的电压值进行分离处理，即按十进制位进行分离处理。

请查阅资料，结合相关知识编写数字电压表程序。

数字电压表程序（可另附纸）	评价

三、数字电压表的仿真调试

（1）在 Keil 软件中，将设计好的程序编译生成扩展名为".HEX"的目标代码文件。

（2）在 Proteus 软件中绘制好数字电压表电路，然后打开单片机属性对话框，在"Program File"中加载扩展名为".HEX"的目标代码文件到单片机中，然后单击仿真工具栏中的"仿真"按钮进行仿真，此时可以看到程序的运行结果。

Keil uVision4 **基本使用教程**

（3）观察程序的运行结果是否满足控制要求，如果不满足，可以对硬件电路和程序进行检查、修改。

请将 Proteus 软件仿真运行结果进行截图。

数字电压表电路仿真图（Proteus 仿真图）

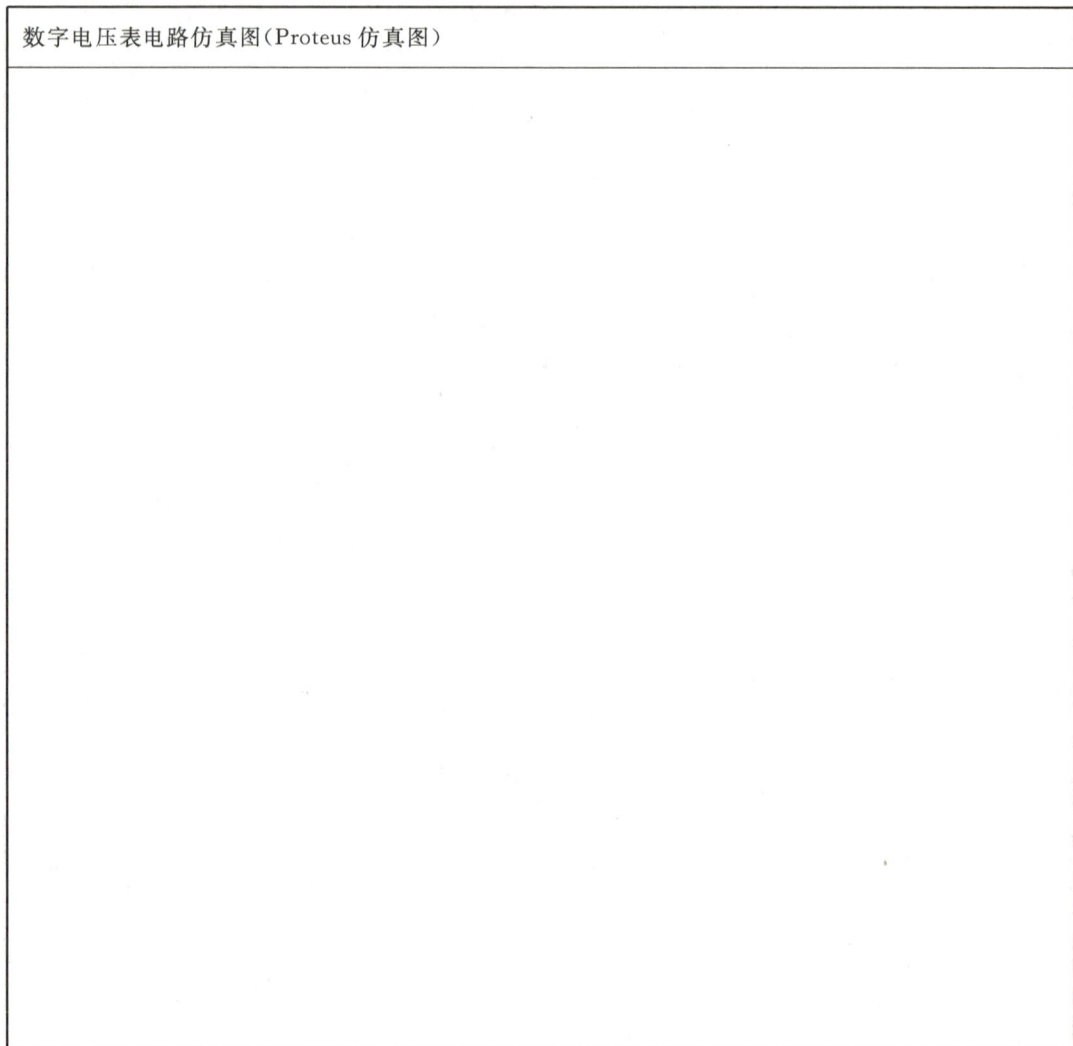

四、元器件清单

根据数字电压表电路原理图确定电路所需元器件，并列出数字电压表所需元器件清单(表1-2)。

表1-2　元器件清单

序号	元器件标号	元器件名称	数量
1			
2			
3			
4			
5			
6			
7			
8			
9			
10			
11			
12			
13			
14			
15			

【思政要点】：电路中用到的所有芯片都要接电源和地，否则电路将无法正常工作，虽然这在电路设计时是一个很小的问题，但是大部分同学很容易忽略，尤其是在电路焊接时，因此要养成从小事做起，从点点滴滴做起，严谨认真的工作习惯。

DC 电源接口

自锁开关结构原理及引脚功能

电路原理图

源程序

数字电压表仿真

焊接过程及成品图片

STC-ISP 下载程序的操作使用

下载端口引脚

数字电压表实物测试

拓展项目 1　数字电压表(量程增加)设计

1. 项目要求

本拓展项目以现有数字电压表为基础，在现有数字电压表的基础上增加数字电压表的测量量程(如将量程增加到 300 V)，即设计一个量程更大的数字电压表。

项目要求：

(1)测量电压范围为直流 0~300 V；

(2)测量电压值能够用 4 位 LED 数码管显示；

(3)使用 ADC0809 芯片进行 A/D 转换。

任务清单

序号	任务内容	任务要求	验收方式
1	完成方案设计	(1)查阅资料，完成设计方案； (2)绘制系统框图； (3)设计符合电子产品设计规范及要求	材料提交
2	完成硬件电路设计	(1)绘制电路原理图； (2)列出元器件清单	材料提交
3	完成程序设计	(1)绘制程序流程图； (2)编写程序； (3)可以利用 Proteus 软件进行仿真调试	材料提交
4	焊接硬件电路	(1)利用万能板完成数字电压表电路的组装与焊接； (2)电路测试	实物
6	完成软硬件调试	(1)软硬件联机调试； (2)电路功能测试	实物

2. 相关知识

请同学们结合所学项目，查阅资料相互讨论完成任务工单中的内容。

任务工单

引导问题	内容	自我评价
(1) 简述 ADC0809 芯片的特性、工作原理、引脚功能及电路连接。		
(2) 如何进行大电压的测量？		

3. 制订设计方案

查阅资料，讨论完成项目设计方案，并制订项目工作计划。

项目设计方案及工作计划

1. 根据设计要求简述项目设计方案
2. 绘制系统框图

3. 项目相关内容	
(1)项目所需基本元器件	
(2)项目完成所需相关工具及软件准备情况	
(3)项目所需相关其他辅助材料	

4. 人员分工及进度安排

内容	姓名	时间安排	备注
电路设计			
程序设计			
Proteus 仿真调试			
电路组装焊接			
软硬件联机调试			

4. 项目实施

按照设计方案共同讨论完成数字电压表的硬件电路设计、程序设计、Proteus 仿真调试、电路焊接及软硬件联机调试等。将项目的实施情况及遇到的问题等填写到项目实施工单中。

项目实施工单

项目内容	项目设计内容	实施情况及问题反馈
硬件电路设计	1. 绘制电路原理图	

2. 列出元器件清单

序号	元器件标号	元器件名称及规格	数量

（行数不够可另附纸）

项目内容	项目设计内容	实施情况及问题反馈
程序设计（可另附纸）		
电路焊接与调试（实物照片）		

5. 改进及总结

对于项目中存在的问题，查阅资料，讨论确定改进方法，并记录。

项目改进及总结

项目改进 要点记录	
项目收获 及总结	

项目二
酒精浓度检测仪

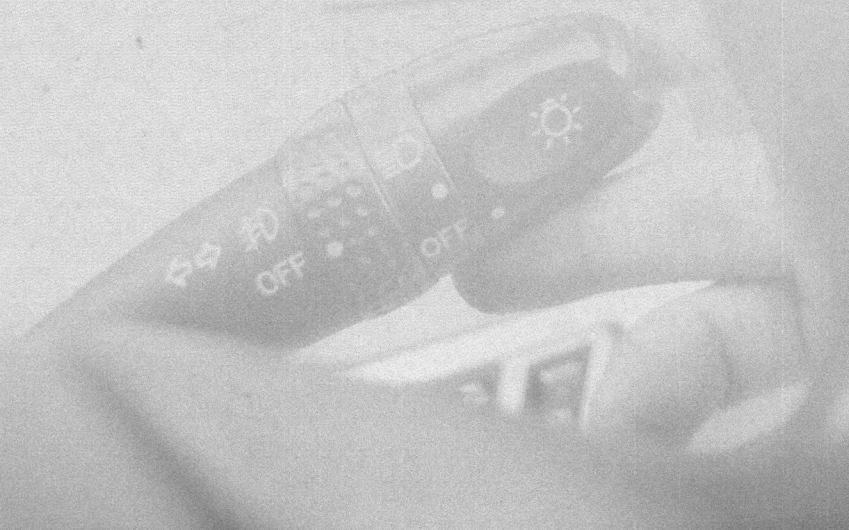

项目导入

据世界卫生组织的事故调查显示，大约 $50\%\sim60\%$ 的交通事故与酒后驾驶有关。酒后驾驶已经被世界卫生组织列为车祸致死的首要原因。目前全世界绝大多数国家都采用呼气酒精测试仪对驾驶人员进行现场检测，以确定被测量者体内酒精含量的多少，从而确保驾驶员及群众的生命财产安全。

现需要大家设计一款酒精浓度检测仪，用于实现对空气中酒精浓度的检测。

学习目标

1. 知识目标

(1)掌握 LCD1602 液晶显示器的结构及引脚功能。

(2)掌握 LCD1602 液晶显示器的控制方式。

(3)掌握 LCD1602 液晶显示器与单片机的连接及程序编写。

(4)掌握键盘的结构和工作原理。

(5)掌握单片机与键盘接口电路的设计和程序编写。

(6)了解酒精传感器的结构及工作原理。

(7)掌握酒精传感器的引脚功能。

(8)掌握 C51 程序的编写方法及技巧。

2. 能力目标

(1)能够熟练进行 LCD1602 液晶显示器的显示控制。

(2)能够完成酒精浓度检测仪的电路设计和程序编写。

(3)能够使用 Keil 软件进行单片机程序的仿真调试。

(4)能够使用 Proteus 软件进行单片机系统的仿真。

(5)能够完成酒精浓度检测仪的焊接制作与调试。

3. 素质目标

(1)通过课前预习查阅资料，培养获取信息、自我学习的能力。

(2)通过分组讨论，培养团队协作，交流沟通、互帮互助的意识。

(3)锻炼分析问题、解决问题的能力。

(4)通过程序的编写，培养学生严谨细致的逻辑思维能力。

(5)培养不断开拓的创新意识和勇于承担责任的意识。

(6)培养努力学习，认真做事的态度。

(7)通过了解我国显示技术的发展情况及发展趋势，激发民族责任感，树立科技报国的意识。

(8)培养脚踏实地、严谨细致的工作态度。

(9)通过项目制作，培养规范操作、安全生产和节能环保的意识。

项目任务

　　本项目设计一个基于单片机的酒精浓度检测仪，该酒精浓度检测仪具有声光报警和 LCD 显示功能，并且能够手动设置酒精浓度阈值。当酒精浓度检测值达到或超过设定的阈值时，蜂鸣器报警，LED 灯闪烁。要求采用酒精传感器（即 MQ-3 气敏传感器）进行酒精浓度的采样，使用 LCD1602 液晶显示器进行酒精检测值和阈值的显示。

酒精浓度检测仪动画

项目总体设计

根据本项目设计要求，酒精浓度检测仪电路主要由电源电路、时钟电路、复位电路、按键电路、液晶显示电路、声光报警电路和酒精检测电路等模块组成。系统框图如图2-1所示。

酒精浓度检测电路采用MQ-3气敏传感器，它可以将检测到的酒精浓度值转换为电信号，然后将电信号传递给ADC0832芯片，经ADC0832芯片转换成相应的数字量之后，再传送给单片机进行分析处理。当检测到的酒精浓度值达到或超过设定的阈值时，蜂鸣器报警，LED灯闪烁。液晶显示电路采用LCD1602液晶显示器进行酒精浓度值和阈值的显示。酒精浓度阈值可以通过轻触按键进行设置。

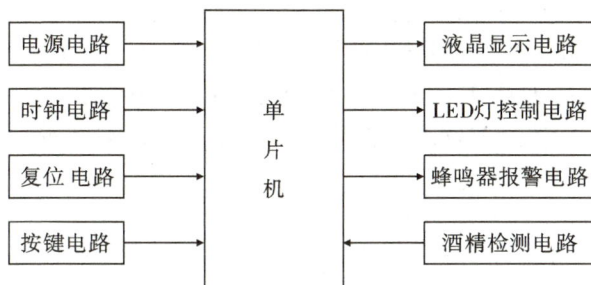

图2-1 酒精检测仪系统框图

引导学习

请同学们结合本项目相关知识，认真查阅资料，通过个人学习、小组讨论的方式完成以下学习任务。

(1)简述LCD1602液晶显示器的基本操作和读写操作时序。

_____

_____

_____

_____

_____

_____

_____

(2)LCD1602 液晶显示器初始化需要设置什么？请查阅资料，编写 LCD1602 初始化设置函数。

_____

_____

_____

_____

_____

(3)LCD1602 液晶显示器的读状态就是对忙标志位 BF 进行检测。LCD1602 在进行写命令、写数据、读数据操作之前，必须先进行读状态操作，即查询检测忙标志位。当忙标志位为 0 时，才能进行这 3 种操作。请查阅资料，编写查询 LCD1602 忙状态的函数。

_____

_____

_____

_____

_____

(4)请查阅资料，说明独立式键盘和矩阵式键盘的结构及工作原理。

_____

_____

_____

_____

_____

（5）请查阅资料，说明按键去抖的方法，并绘制软件去抖流程图，编写软件去抖程序。

（6）请查阅资料，说明矩阵式键盘按键识别的方法有哪些？并详细说明每种方法的识别过程和编程时所包含的主要内容。

_____

_____

_____

_____

_____

_____

（7）请查阅资料，绘制蜂鸣器驱动电路。

(8)请查阅资料，说明 MQ - 3 酒精传感器的结构及引脚功能。

_____

_____

_____

_____

_____

_____

(9)请查阅资料，结合所学知识绘制酒精浓度检测仪的硬件电路图。

(10)简述酒精浓度检测仪的程序设计思路并绘制主程序流程图。

一、LCD1602 液晶显示器

1. LCD1602 液晶显示器的引脚功能

字符型液晶显示模块是一种专门用于显示字母、数字、符号等的点阵式 LCD，目前常用的有 16×1，16×2，20×2 和 40×2 等模块。LCD1602 液晶显示器的外形如图 2-2 所示。

LCD1602 液晶显示器通常有 14 引脚(无背光)或 16 引脚(带背光)。16 引脚多出来的 2 条引脚是背光电源线正极(15 脚)和背光电源线负极(16 脚)，其控制原理与 14 脚的 LCD 完全一样。LCD1602 液晶显示器的引脚如图 2-3 所示，各引脚功能如表 2-1 所示。

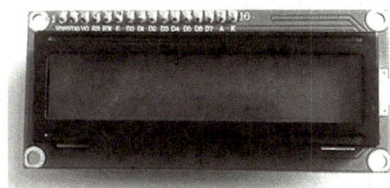

图 2-2 LCD1602 液晶显示器外形

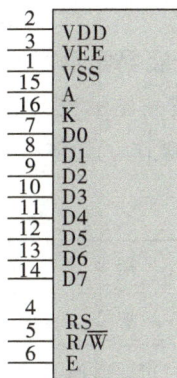

图 2-3 LCD1602 液晶显示器引脚图

LCD1602 液晶显示器的引脚功能

LCD1602 液晶显示器的引脚排列

表 2-1 LCD1602 液晶显示器引脚功能

引脚号	引脚名称	引脚功能
1	VSS	电源地
2	VDD	电源正极，接+5 V 电源

引脚号	引脚名称	引脚功能
3	VEE	液晶显示偏压（调节显示对比度）
4	RS	数据/命令选择端，高电平时选择数据寄存器，低电平时选择指令寄存器。
5	R/$\overline{W}$	读/写选择，高电平时进行读操作，低电平时进行写操作。
6	E	使能信号
7～14	D0～D7	数据线
15	A	背光源正极
16	K	背光源负极

2. LCD1602 液晶显示器的控制指令

LCD 1602 液晶显示器共有 11 条控制指令，可以实现清屏、光标位置和移位控制、显示模式设置等操作，具体指令如表 2 - 2 所示。

表 2 - 2　LCD1602 液晶显示器指令表

序号	指令	RS	R/$\overline{W}$	D7	D6	D5	D4	D3	D2	D1	D0
1	清屏	0	0	0	0	0	0	0	0	0	1
2	光标返回	0	0	0	0	0	0	0	0	1	*
3	设置输入模式	0	0	0	0	0	0	0	1	I/D	S
4	显示开/关控制	0	0	0	0	0	0	1	D	C	B
5	光标或字符移位	0	0	0	0	0	1	S/C	R/L	*	*
6	设置功能	0	0	0	0	1	DL	N	F	*	*
7	设置字符发生存储器地址	0	0	0	1	字符发生存储器地址					
8	设置数据存储器地址	0	0	1	显示数据存储器地址						
9	读忙标志或地址	0	1	BF	计数器地址						
10	写数据到 CGRAM 或 DDRAM	1	0	要写的数据内容							
11	从 CGRAM 或 DDRAM 读数据	1	1	读出的数据内容							

1602 液晶模块的读写操作、屏幕和光标的操作都是通过指令编程来实现的。其中

1 为高电平、0 为低电平。其指令说明如下：

指令 1：清屏，指令码 01H，执行后光标复位到地址 00H 位置。

指令 2：光标复位，执行后光标返回到地址 00H。

指令 3：光标和显示模式设置。I/D：光标移动方向，高电平右移，低电平左移。S：屏幕上所有文字是否左移或者右移。高电平表示有效（移位），低电平则无效（不移位）。

LCD1602 的单片机驱动详解

指令 4：显示开关控制。D：控制整体显示的开与关，高电平表示开显示，低电平表示关显示。C：控制光标的开与关，高电平表示有光标，低电平表示无光标。B：控制光标是否闪烁，高电平闪烁，低电平不闪烁。

指令 5：光标或显示移位。S/C：高电平时移动显示的文字，低电平时移动光标。R/L：高电平时右移，低电平时左移。

指令 6：功能设置命令。DL：高电平时为 8 位总线，低电平时为 4 位总线。N：低电平时为单行显示，高电平时为双行显示。F：低电平时显示 5×7 的点阵字符，高电平时显示 5×10 的点阵字符。

指令 7：字符发生器 RAM 地址设置。

指令 8：DDRAM 地址设置。

指令 9：读忙信号和光标地址。BF：为忙标志位，高电平表示忙，此时模块不能接收命令或者数据，如果为低电平表示不忙。

指令 10：写数据。

指令 11：读数据。

3. LCD1602 液晶显示器的基本操作

LCD1602 液晶显示器有四种基本操作，分别为读状态、写命令、写数据和读数据。具体功能由 LCD1602 液晶显示器 3 个控制引脚 RS、R/$\overline{W}$和 E 的不同组合状态来确定。LCD1602 液晶显示器的基本操作与控制引脚状态关系如表 2-3 所示。

表 2-3 LCD1602 基本操作与控制引脚状态关系

基本操作	输入	输出
读状态	RS=L，R/$\overline{W}$=H，E=H	D0～D7=状态字
写命令	RS=L，R/$\overline{W}$=L，D0～D7=指令码，E=高脉冲	无
读数据	RS=H，R/$\overline{W}$=H，E=H	D0～D7=数据
写数据	RS=H，R/$\overline{W}$=L，D0～D7=数据，E=高脉冲	无

4. LCD1602 液晶显示器的 RAM 地址映射

液晶显示模块是一个慢显示器件，所以在执行每条指令之前一定要确认模块的忙标志为低电平，表示不忙，否则此指令失效。显示字符时要先输入显示字符地址，也就是告诉模块在哪里显示字符，图 2-4 是 LCD1602 液晶显示器的内部显示地址。

从图 2-4 中可以看出，液晶显示器第一行的首地址是 00H，第二行的首地址是 40H。对于 1602 液晶显示器来说每行最多只能显示 16 个字符，即需要 16 个显示地址，但从图中可以看到后面还多出了 10H～27H 这些地址。这些地址有什么用呢？其实本身液晶控制器就是每行有 40 个地址的，我们只用到了 16 个。

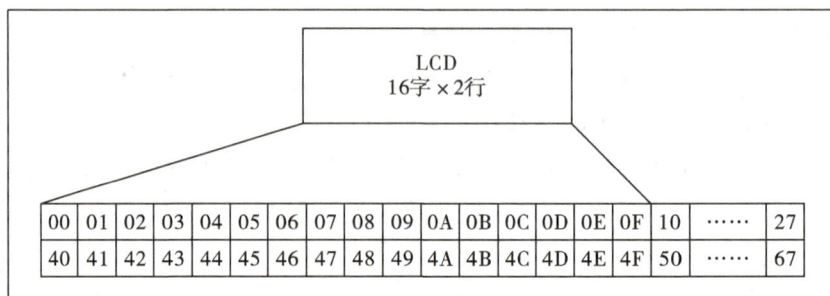

LCD 16字 × 2行																	
00	01	02	03	04	05	06	07	08	09	0A	0B	0C	0D	0E	0F	10	……	27
40	41	42	43	44	45	46	47	48	49	4A	4B	4C	4D	4E	4F	50	……	67

图 2-4　LCD1602 液晶显示屏内部显示地址

当在某个位置显示字符时，要写入显示所在的地址。例如，在第二行第一个位置显示字符，就应该把这个地址通过单片机写入液晶显示器控制器，第二行第一个位置显示地址是 40H，那么是否直接写入 40H 就可以将光标定位在第二行第一个字符的位置呢？这样不行，因为写入显示地址时要求最高位 D7 恒定为高电平 1，所以实际写入的数据应该是 01000000B(40H)＋10000000B(80H)＝11000000B(C0H)。

在对液晶模块的初始化中要先设置其显示模式，在液晶模块显示字符时光标是自动右移的，无需人工干预。每次输入指令前都要判断液晶模块是否处于忙的状态。1602 液晶模块内部的字符发生存储器(CGROM)已经存储了 160 个不同的点阵字符图形，这些字符有阿拉伯数字、英文字母的大小写、常用的符号和日文假名等，每一个字符都有一个固定的代码，比如大写的英文字母"A"的代码是 01000001B(41H)，显示时模块把地址 41H 中的点阵字符图形显示出来，我们就能看到字母"A"。

5. LCD1602 液晶显示器与单片机的连接

LCD1602 液晶显示器与单片机的连接电路如图 2-5 所示。1602 液晶显示器和单片机的 I/O 端口连接需要 11 个引脚，即液晶显示器的 4～14 引脚，其中 4～6 引脚是控制线，可以接到单片机的任何普通 I/O 端口，7～14 引脚是数据引脚，建议接到单片机的一个 8 位 I/O 端口上，这样送入数据时就比较好处理。液晶屏显示器的 1 引脚接 GND，2 引脚接 VCC，3 引脚是液晶显示器的对比度调整，一般通过 3 kΩ 的电阻接地。

15 引脚为背光源正极接 VCC，16 引脚为背光源负极接 GND。

电位器的结构、原理及引脚判断

精密多圈 3296 型玻璃釉电位器的
技术标准及结构特点

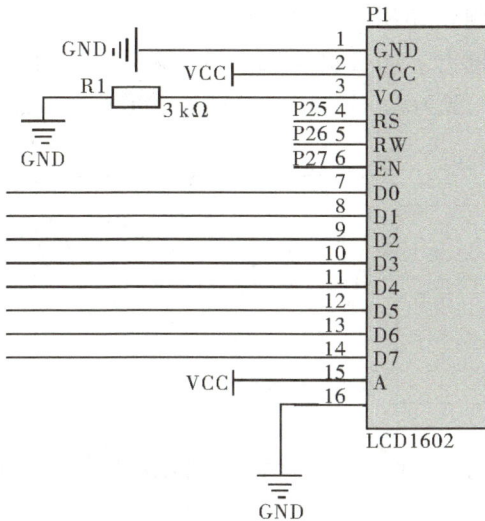

发光二级管

图 2-5　LCD1602 液晶显示器与单片机的连接电路

二、按键和键盘

1. 按键

键盘是单片机应用系统中最常用的输入设备，通过键盘输入数据或命令，可以实现简单的人机对话。键盘由一组规则排列的按键组成，一个按键实际上是一个开关元件。按键通常有两类：一类是触点式按键，如机械式开关、导电橡胶式开关等；另一类是无触点式按键，如电气式按键、磁感应按键等。单片机中常用的是触点式开关按键，其主要功能是把机械上的通断转换为电气上的逻辑关系(1 和 0)。

各种类型发光二极管详细概述

触点式按键是一种常开型按钮开关，如图 2-6 所示，单片机的 P1.0 连接了一位按键 S。当按键 S 断开时，P1.0 为高电平，即"1"；当按键 S 闭合时，P1.0 为低电平，即"0"。因此，我们可以通过检测 P1.0 的值来判断按键的状态。

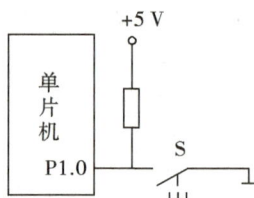

图 2-6　触点式按键原理图

2. 按键抖动

对于触点式按键，由于触点的弹性作用，按键闭合时，不会马上稳定地接通；断开时，也不会立即断开。即在按键断开、闭合的瞬间，均伴随着一连串的抖动，抖动时间的长短由按键机械特性决定，一般为 5～10 ms。按键抖动示意图如图 2-7 所示。

为了避免单片机误判，保证每按一次键只作一次处理，必须采取措施来消除键的抖动。按键消抖的方法分为硬件消抖和软件消抖。在键数较少时，可采用硬件消抖的方法；当键数较多时，采用软件消抖的方法。大多数情况下，采用软件消抖的方法。

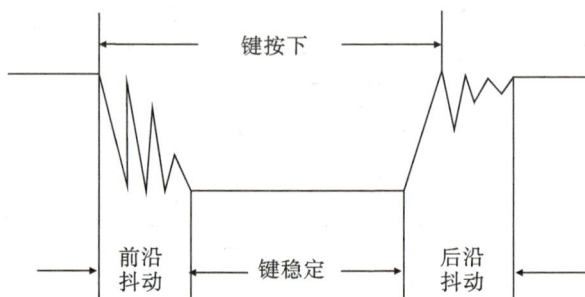

图 2-7　按键按下或者抬起抖动示意图

软件消抖的方法是根据机械式按键操作原理，利用软件的延时实现的。当检测到按键按下后，延时一段时间，一般为 10 ms；然后，再次检测该键的状态，如果按键状态保持不变，则确认为真正的有键按下。

3. 键盘

常见的键盘种类有独立式键盘和矩阵式键盘。独立式键盘主要用于按键数量较少的场合；矩阵式键盘主要用于按键数量较多的场合，也称行列式键盘。

1）独立式键盘

独立式键盘的按键相互独立，每个按键连接一条 I/O 端口线，每个按键的工作不会影响其他 I/O 端口线的工作状态。因此，通过检测 I/O 端口线的电平状态，即可判断哪个键按下。独立式键盘电路原理图如图 2-8 所示。

一般把键盘扫描程序设计成子程序，以方便调用。程序设计通常采用查询法。

键盘扫描子程序应具有以下功能：①判定有无按键动作；②去抖动；③确认是否真正有闭合键；④计算并保存闭合键键值。

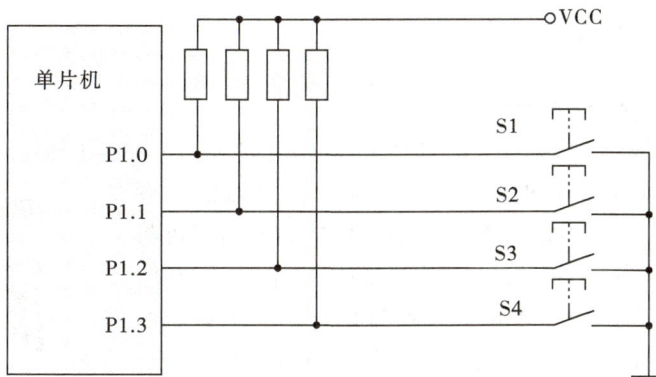

图 2-8　独立式键盘电路原理图

2)矩阵式键盘

当键盘中按键数量较多时，为了减少 I/O 端口线的占用，通常将按键排列成矩阵形式。即用 I/O 口线组成的行、列矩阵结构，在每根行线与列线的交叉处，两线不直接相通而是通过一个按键跨接接通。采用这种矩阵结构只需 M 根行输出线和 N 根列输入线，就可连接 $M\times N$ 个按键。矩阵式按键原理图如图 2-9 所示。

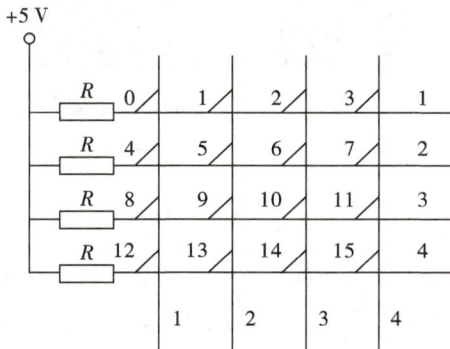

图 2-9　　矩阵式按键原理图

蜂鸣器的工作原理、引脚及使用

矩阵式键盘扫描程序一般包括以下几项：

(1)判断键盘上是否有键闭合；

(2)消除键的机械抖动；

(3)确定闭合键的物理位置(行、列号)；

(4)计算闭合键的键值；

(5)保存闭合键值，同时转去执行该闭合键的功能。

有源蜂鸣器

三、MQ–3 酒精传感器

1. MQ–3 酒精传感器简介

MQ–3 酒精传感器所使用的气敏材料是在清洁空气中电导率较低的二氧化锡（SnO₂）。当传感器所处环境中存在酒精时，传感器的电导率随空气中酒精浓度的增加而增大。使用简单的电路即可将电导率的变化转换为与酒精浓度相对应的输出信号。MQ–3 气体传感器对酒精的灵敏度高，可以抵抗汽油、烟雾、水蒸气的干扰。这种传感器可检测多种浓度的酒精气氛，是一款适合多种应用的特种传感器。可用于机动车驾驶员呼气中酒精浓度的检测，以及其他严禁酒后操作的现场环境探测，也可用于其他场所的乙醇蒸气勘测工作等。MQ–3 酒精传感器外形如图 2–10 所示。

MQ–3　乙醇气体传感器
使用手册（网络资源）

图 2–10　MQ–3 酒精传感器外形　　　酒精传感器　　　酒精传感器引脚

2. MQ–3 酒精传感器的结构

MQ–3 酒精传感器由微型 AL_2O_3 陶瓷管、SnO_2 敏感层、测量引脚电极和温度加热器组成。敏感元件固定在塑料或不锈钢制成的腔管内，加热器为敏感元件提供必要的工作条件。封装好的气敏元件有 6 只针状管脚，其中 4 只用于信号的提取，2 只用于提供加热电流。MQ–3 酒精传感器的引脚如图 2–11 所示。

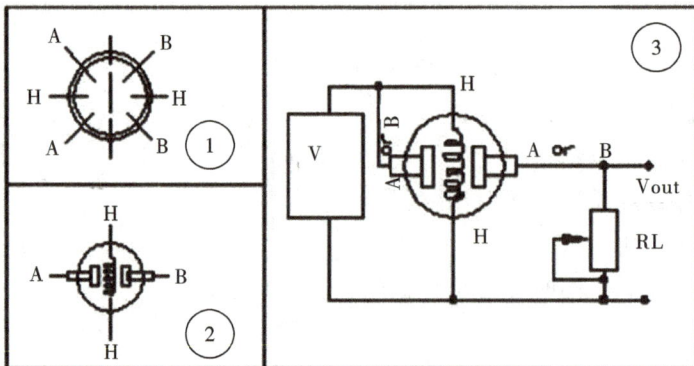

图 2–11　MQ–3 酒精传感器的引脚

图中①、②、③分别表示 MQ-3 酒精传感器的引脚排列图、引脚功能图、使用接线图。其中 H-H 表示加热极(5 V)，A-A、B-B 传感器表示敏感元件的两个极，图③框图中"V"为传感器的工作电压，同时也是加热电压。

在工作时，气敏传感器的加热电压选取交流或直流 5 V 均可。当其被受热后，升温使环境中的可燃气体浓度迅速增大，传感器的内阻阻值将会迅速降低，利用该特性并结合电路分析中的分压原理，分析便得知 Vout 的值将逐渐增大，当超过预设定的阈值时，可产生相应的操作。经过处理后检测信号由电阻值转变成电压值，就可用于后续电路进行 A/D 转换和处理。

传感器阻值变化率与酒精浓度、外界温度的关系紧密，为了使测量的酒精浓度最高误差最小，需要找到合适的温度，一般在测量前需将传感器预热 5 分钟。预热后半导体颗粒表面的吸附可导致材料载流子浓度发生相应变化，从而改变电导率，使传感器输出电压信号发生改变来相应反映浓度变化。

任务实施

一、酒精浓度检测仪的硬件电路设计

1. LCD1602 液晶显示电路的设计

本项目采用 LCD1602 液晶显示器进行酒精浓度检测值和阈值的显示。请绘制酒精浓度检测仪的 LCD 液晶显示电路。

酒精浓度检测仪 LCD 液晶显示电路	评价

2. 声光报警电路的设计

本项目采用蜂鸣器和 LED 灯来实现声光报警的功能。请绘制酒精浓度检测仪的声光报警电路。

酒精浓度检测仪的声光报警电路	评价

3. 酒精浓度检测电路的设计

酒精浓度检测电路采用 MQ-3 酒精传感器进行酒精浓度信号的采集。采集到的信号需要通过 ADC0832 芯片转换后才能送给单片机进行分析和处理。请绘制酒精浓度检测仪的酒精浓度检测电路。

酒精浓度检测电路	评价

5. 酒精浓度检测仪硬件电路图

请绘制酒精浓度检测仪的硬件电路图。

酒精浓度检测仪硬件电路图（可另附纸）	评价

二、酒精浓度检测仪的程序设计

请查阅资料，结合相关知识编写酒精浓度检测仪程序。

酒精浓度检测仪程序(可另附纸)	评价

三、酒精浓度检测仪的仿真调试

（1）在 Keil 软件中，生成目标代码文件。

（2）在 Proteus 软件中绘制好酒精浓度检测仪电路，加载目标代码文件，进行仿真。

（3）观察仿真运行结果是否满足控制要求，如果不满足，可以对硬件电路和程序进行检查、修改。

请将 Proteus 软件仿真运行结果进行截图。

酒精浓度检测仪电路仿真图（Proteus 仿真图）

四、元器件清单

根据酒精浓度检测仪电路原理图确定电路所需元器件，并列出酒精浓度检测仪所需元器件清单(表 2-4)。

表 2-4　元器件清单

序号	元器件标号	元器件名称	数量
1			
2			
3			
4			
5			
6			
7			
8			
9			
10			
11			
12			
13			
14			
15			

【思政要点】：通过了解我国显示技术的发展情况及发展趋势，激发民族责任感，树立科技报国的意识；培养自主学习、独立思考、主动探索、分析问题、解决问题的能力。进一步提高个人社会道德和素质，做到少饮酒，酒后不驾车。

电路原理图　　　　　　源程序　　　　　酒精检测仪仿真

焊接过程及成品图片　　酒精检测仪实物测试

拓展项目 2　一种具有语音报警功能的酒精浓度检测仪设计

1. 项目要求

本拓展项目以现有酒精浓度检测仪为基础，在现有酒精浓度检测仪的基础上增加语音报警功能，即设计一种具有语音报警功能的酒精浓度检测仪。

项目要求：

(1)能够检测酒精浓度值，并通过 LCD 液晶屏显示。

(2)具有声光报警功能和语音报警功能，即当检测值大于设定的阈值时蜂鸣器报警，发光二极管闪烁，语音报警(语音提示酒精浓度超标。)

(3)能够通过按键手动调节酒精浓度的报警值。

任务清单

序号	任务内容	任务要求	验收方式
1	完成方案设计	(1)查阅资料，完成设计方案； (2)绘制系统框图； (3)设计符合电子产品设计规范及要求	材料提交
2	完成硬件电路设计	(1)绘制电路原理图； (2)列出元器件清单	材料提交
3	完成程序设计	(1)绘制程序流程图； (2)编写程序； (3)可以利用 Proteus 软件进行仿真调试	材料提交
4	焊接硬件电路	(1)利用万能板完成酒精浓度检测仪电路的组装与焊接； (2)电路测试	实物
5	完成软硬件调试	(1)软硬件联机调试； (2)电路功能测试	实物

2. 相关知识

本项目完成的关键在于语音模块的选择和使用。请同学们结合所学项目，查阅资料相互讨论完成任务工单中的内容，确保项目顺利实施。

任务工单

引导问题	内容	自我评价
(1)常用的语音芯片有哪些？请选择合适的语音芯片。		
(2)简述 ISD1420 语音芯片的特点、结构、引脚功能及电路连接。		

3. 制订设计方案

查阅资料，讨论完成项目设计方案，并制订项目工作计划。

项目设计方案及工作计划

1. 根据设计要求简述项目设计方案
2. 绘制系统框图

3. 项目相关内容

(1)项目所需基本元器件	
(2)项目完成所需相关工具及软件准备情况	
(3)项目所需相关其他辅助材料	

4. 人员分工及进度安排

内容	姓名	时间安排	备注
电路设计			
程序设计			
Proteus 仿真调试			
电路组装焊接			
软硬件联机调试			

4. 项目实施

按照设计方案共同讨论完成酒精检测仪的硬件电路设计、程序设计、Proteus 仿真调试、电路焊接及软硬件联机调试等。将项目的实施情况及遇到的问题等填写进项目实施工单。

项目实施工单

项目内容	项目设计内容	实施情况及问题反馈
硬件电路设计	1. 绘制电路原理图	

项目 内容	项目设计内容	实施情况 及问题反馈
硬件 电路 设计	2. 列出元器件清单 | 序号	元器件标号	元器件名称及规格	数量 | |---|---|---|---| | | | | | | | | | | | | | | | | | | | | | | | | | | | | | | | | | | | （行数不够可另附纸）	
程序 设计 （可另 附纸）		

项目 内容	项目设计内容	实施情况 及问题反馈
电路 焊接 与调 试（实 物照 片）		

5. 改进及总结

对于项目中存在的问题，查阅资料，讨论确定改进方法，并记录。

项目改进及总结

项目改进 要点记录	
项目收获 及总结	

项目三
PM2.5 检测仪

项目导入

基于现在环境治理要求的不断提高，PM2.5 指数也就不断受到了人们的重视。本项目要求设计一种便携式的粉尘颗粒(PM2.5)检测仪，用于检测室内空气质量，使人们对室内空气质量有一定的了解。

学习目标

1. 知识目标

(1)了解粉尘传感器的基本原理、工作参数和功能。

(2)掌握 ZPH01 粉尘传感器的引脚功能。

(3)掌握定时器/计数器的结构和原理。

(4)掌握定时器/计数器的工作方式及其应用。

(5)掌握定时器/计数器程序的编写。

(6)了解中断系统的结构及原理。

(7)掌握定时器/计数器和中断系统相关寄存器的设置。

(8)掌握中断系统程序的编写。

(9)掌握中断系统的设计及应用。

2. 能力目标

(1)能够完成 PM2.5 检测仪的电路设计和程序编写。

(2)能够使用 Keil 软件进行单片机程序的仿真调试。

(3)能够使用 Proteus 软件进行单片机系统的仿真。

(4)能够完成 PM2.5 检测仪的焊接制作与调试。

3. 素质目标

(1)通过课前预习查阅资料，培养获取信息、自我学习的能力。

(2)通过分组讨论，培养团队协作，交流沟通、互帮互助的意识。

(3)通过分组完成任务，培养勤于思考、分析问题、解决问题的能力。

(4)通过程序的编写，培养严谨细致的逻辑思维能力。

(5)了解环境气候的变化对地球带来的影响，培养节能、绿色、环保的生活习惯，做一个爱护环境的优秀大学生。

(6)通过了解古代计时器及计时工具的发展，树立文化自信，激发民族自豪感及科技报国的情怀。

(7)培养勇于承担责任的意识。

(8)树立时间观念，培养珍惜时间的意识和习惯。

(9)通过项目制作，培养规范操作、安全生产和节能环保的意识。

项目任务

本项目设计一个基于单片机的PM2.5检测仪，该检测仪具有声光报警和LCD显示功能，并且能够手动设置粉尘颗粒(PM2.5)阈值。当检测到的粉尘颗粒数值超过设定的阈值时，系统进行报警。要求采用ZPH01粉尘传感器进行粉尘颗粒数据的采样，使用LCD1602液晶显示器进行粉尘颗粒检测值和阈值的显示。

PM2.5检测仪动画

项目总体设计

根据本项目设计要求，PM2.5检测仪电路主要由单片机最小系统电路、LCD液晶显示电路、按键控制电路、声光报警电路和PM2.5检测电路组成。系统框图如图3-1所示。

PM2.5检测电路采用ZPH01粉尘传感器，它可以采集空气中粉尘颗粒数据，传送给单片机进行分析处理。当检测到的粉尘颗粒数值超过设定的阈值时，蜂鸣器报警，LED指示灯亮。LCD1602液晶显示器进行粉尘颗粒PM2.5数据和阈值的显示。粉尘颗粒阈值可以通过轻触按键进行设置。

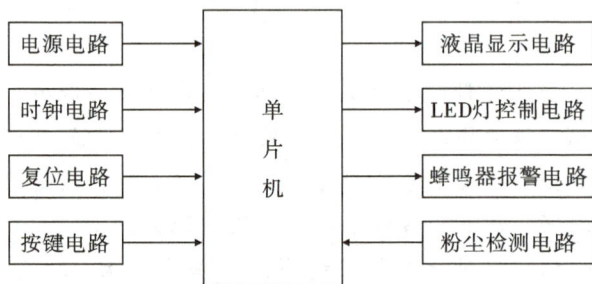

图 3-1　PM2.5检测仪系统框图

引导学习

请同学们结合本项目相关知识，认真查阅资料，通过个人学习、小组讨论的方式完成以下学习任务。

(1)简述 ZPH01 粉尘传感器的原理和使用的注意事项。

_____

_____

_____

_____

_____

(2)请分别写出与定时器/计数器和中断系统相关的寄存器，并说明每个寄存器的功能和作用。

_____

_____

_____

_____

_____

(3)请写出定时器/计数器 0 在定时模式工作时，计数初值的计算公式。若晶振频率为 12 MHz，定时时间为 5 ms，定时器 T0 选择工作方式 0 和工作方式 1，试分别写出这两种工作方式 T0 对应的初值。

_____

_____

_____

_____

_____

_____

(4)简述定时器/计数器 0 初始化程序主要包含哪些内容。

_____

_____

_____

_____

_____

_____

(5)试编写定时器 0 定时 1 秒的延时函数。

_____

_____

_____

_____

_____

_____

_____

(6)简述中断响应的条件和中断请求撤除的方法。

_____

_____

_____

_____

_____

_____

(7)请写出中断函数定义的格式。

_____

_____

_____

_____

_____

_____

(8)简述中断初始化程序主要包含哪些内容。编写中断函数时应该注意哪些问题?

_____

_____

_____

_____

_____

_____

(9)请查阅资料,结合所学知识绘制 PM2.5 检测仪的硬件电路图。

(10)简述 PM2.5 检测仪的程序设计思路并绘制主程序流程图。

相关知识

一、ZPH01 粉尘传感器

1. ZPH01 粉尘传感器简介

ZPH01 粉尘传感器采用 PM2.5 检测机理，实现对 PM2.5 的检测。传感器中 PM2.5 检测单元采用粒子计数原理，可灵敏检测直径 $1\,\mu m$ 以上的灰尘颗粒物。该传感器拥有极高的灵敏度、优异的长期稳定性，出厂已标定校准、内置加热器可实现空气的自动吸入。主要应用于空气净化器、空气清新机、通风设备、环境监控设备、烟雾报警器、空调等产品。ZPH01 粉尘传感器外形如图 3-2 所示。

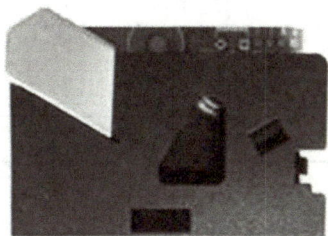

PM2.5 传感器的原理介绍（网络资源）

图 3-2 ZPH01 粉尘传感器外形

ZPH01 粉尘传感器产品说明书（网络资源）

2. ZPH01 粉尘传感器引脚功能

ZPH01 粉尘传感器引脚图及引脚定义如图 3-3 所示。

PIN1	控制脚（详见说明）
PIN2	输出脚 OUT2/RXD/PM2.5
PIN3	电源正（VCC）
PIN4	输出脚 OUT1/TXD
PIN5	电源正（GND）

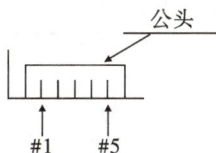

图 3-3 粉尘传感器引脚定义及引脚图

ZPH01 粉尘传感器引脚说明如下。

（1）加热源：传感器内置一个加热器，加热引起气流上升使外部空气流进传感器内部。

（2）检测的粒子类型：此传感器可以检测直径为 1 μm 以上的粒子，如香烟、房屋灰尘、霉菌、花粉、孢子。

（3）控制脚：此脚位为输出模式控制（悬空为 PWM 模式，GND 为串口模式）。

（4）输出脚 OUT2/RXD：此脚位串口模式下为 RXD，PWM 模式下为普通输出脚位，灵敏度已预设定，最小粒子检出能力为 1 μm。

（5）输出脚 OUT1/TXD：此脚位串口模式下为 TXD。

PM2.5 粉尘传感器

3. 串行接口通信协议

1）通用设置（表 3-1）

表 3-1　通用设置

项目	设置
波特率	9600
数据位	8 位
停止位	1 位
校验位	无

2）通信命令

模块每间隔 1 s 发送一次浓度值，只发送不接收。命令行格式如表 3-2 所示。

表 3-2　命令行格式

位置	命令	格式	位置	命令	格式
0	起始位	0xFF	5	预留	0x00
1	检测类型名称编码	0x18	6	模式	0x01
2	单位（低脉冲率）	0x00	7	预留	0x00
3	低脉冲率整数部分	0x00-0x63	8	校验值	0x00-0xFF
4	低脉冲率小数部分	0x00-0x63			

二、定时器/计数器

STC89C52 单片机内部有 3 个定时器/计数器，分别为定时器/计数器 0、定时器/计数器 1 和定时器/计数器 2，简称为 T0、T1 和 T2。

1. 定时器/计数器的组成

STC89C52 单片机的定时/计数器由 T0、T1、T2 和看门狗定时器 WDT_CONTR

组成，T0 由特殊功能寄存器 TH0、TL0 构成，T1 由特殊功能寄存器 TH1、TL1 构成，T2 由特殊功能寄存器 TH2、TL2 和 RXAP2H、RCAP2L 构成。

2. 定时器/计数器 0 和 1

STC89C51 系列单片机的定时器/计数器 0 和 1，与传统 8051 的定时器/计数器完全兼容。STC89C51 系列单片机内部设置的两个 16 位定时器/计数器 0 和 1 都具有定时和计数两种工作模式。定时器/计数器的核心部件是一个加法计数器，其本质是对脉冲进行计数，只是计数脉冲来源不同。

如果计数脉冲来源于系统时钟，则为定时模式，此时定时器/计数器对机器周期数进行计数。每 12 个时钟或每 6 个时钟得到一个计数脉冲，计数值加 1。如果计数脉冲来自单片机外部引脚(T0 为 P3.4，T1 为 P3.5)，则为计数模式，每来一个计数脉冲，计数值加 1。

3. 定时器/计数器 0 和 1 的控制寄存器

1)工作方式寄存器 TMOD

工作方式寄存器 TMOD 的字节地址为 89H，不能进行位寻址。TMOD 寄存器的格式如图 3-4 所示。

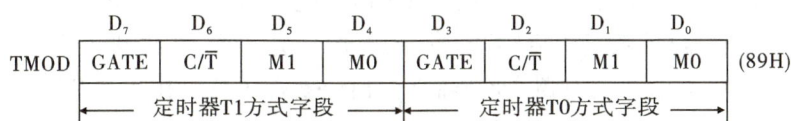

	D_7	D_6	D_5	D_4	D_3	D_2	D_1	D_0	
TMOD	GATE	C/$\overline{T}$	M1	M0	GATE	C/$\overline{T}$	M1	M0	(89H)

定时器T1方式字段 ← | → 定时器T0方式字段

图 3-4 工作方式寄存器 TMOD 的位定义

(1)GATE：门选通位。当 GATE＝0 时，只要使 TCON 中的 TR0(或 TR1)置 1，就可启动定时器 T0(或 T1)工作。当 GATE＝1 时，只有在 $\overline{INT0}$(或 $\overline{INT1}$)引脚为高电平且 TR0(或 TR1)置 1 的条件下，定时器才能启动工作。一般情况下，设置 GATE＝0。

(2)C/$\overline{T}$：工作模式选择位。C/$\overline{T}$＝0 为定时器模式；C/$\overline{T}$＝1 为计数器模式。

(3)M1、M0：工作方式选择位。

根据 M1、M0 的组合，可控制产生四种工作方式，如表 3-3 所示。

表 3-3 T0、T1 工作方式选择

M1 M0	方式	说明
0 0	方式 0	13 位计数器(TLX 的低 5 位与 THX 的 8 位构成)
0 1	方式 1	16 位计数器(TLX 的 8 位与 THX 的 8 位构成)
1 0	方式 2	具有自动重装初值的 8 位计数器
1 1	方式 3	T0 分成两个独立的 8 位计数器，T1 停止计数

2)定时器控制寄存器 TCON

定时器控制寄存器 TCON 是一个 8 位的特殊功能寄存器，其地址为 88H，用于控制定时器的启动/停止及标志定时器溢出中断申请。既可进行字节寻址又可进行位寻址。复位时所有位被清零。各位的定义如表 3-4 所示。

表 3-4　定时器控制寄存器 TCON 的位定义

位定义	位地址	位定义	位地址
TF1	8FH	IE1	8BH
TR1	8EH	IT1	8AH
TF0	8DH	IE0	89H
TR0	8CH	IT0	88H

(1)TF1(TCON.7)：定时器/计数器 1 溢出中断标志位。当定时器/计数器 1 产生溢出时，由硬件自动置位，申请中断。待中断响应进入中断服务程序后由硬件自动清除。

(2)TR1(TCON.6)：定时器/计数器 1 的启停控制位。TR1 状态靠软件置位或清除。置位时，定时器/计数器 1 启动开始计数工作，清除时 T1 停止工作。

(3)TF0(TCON.5)：定时器/计数器 0 溢出中断标志位，作用与 TF1 类同。

(4)TR0(TCON.4)：定时器/计数器 0 的启停控制位，其操作与 TR1 类同。

4. 定时器/计数器 0 和 1 初值的计算

定时器/计数器 T0、T1 不论是在计数器模式下还是在定时器模式下工作，都是加 1 计数器，因而写入计数器的初始值和实际计数值并不相同，两者的换算关系如下：设实际计数值为 C，计数最大值为 M，计数初始值为 X，则 $X=M-C$。其中计数最大值在不同工作方式下的值不同。

(1)工作方式 0：$M=2^{13}=8192$。

(2)工作方式 1：$M=2^{16}=65536$。

(3)工作方式 2：$M=2^8=256$。

定时器模式下对应的定时时间：$t=C \times T_{机}=(M-X) \times T_{机}$。

5. 定时器/计数器 2

定时器/计数器 2 是一个 16 位的加法(或减法)计数器，通过设置特殊功能寄存器 T2CON 中的位 C/$\overline{\text{T2}}$可将其设置为定时器或计数器，设置特殊功能寄存器 T2MOD 中的 DCEN 位可将其作为加法(向上)计数器或减法(向下)计数器。

1)T2 控制寄存器 T2CON

T2 控制寄存器 T2CON，用于设置 T2 的工作模式和工作方式。T2CON 的字节地址为 0C8H，可位寻址。定时器/计数器 2 有两种工作模式，分别为定时和计数。有三种工作方式，分别为捕获、自动重新装载（递增或递减计数）和波特率发生器。T2CON 的位定义如表 3-5 所示。

表 3-5 T2 控制寄存器 T2CON 的位定义

位定义	位地址	位定义	位地址
TF2	CFH	EXEN2	CBH
EXF2	CEH	TR2	CAH
RCLK	CDH	C/$\overline{T2}$	C9H
TCLK	CCH	CP/$\overline{RL2}$	C8H

（1）TF2：定时器/计数器 2 溢出标志。定时器/计数器 2 溢出时，由硬件置位，并申请中断，必须由软件清 0。当 T2 作为波特率发生器使用（即 RCLK＝1 或 TCLK＝1），T2 溢出时，不对 TF2 置位。

（2）EXF2：定时器/计数器 2 外部标志位。当 EXEN2＝1，且 T2EX（P1.1）引脚上出现负跳变产生 T2 的捕获或重装载时，EXF2 置位，申请中断。当 T2 中断允许时，CPU 将响应中断，执行定时器/计数器 2 中断服务程序，EXF2 必须由软件清除。当定时器/计数器 2 工作在向上或向下计数方式时（DCEN＝1），EXF2 不能激活中断。

（3）RCLK：串行口接收时钟标志，只能通过软件置位或清除。当 RCLK＝1 时，将 T2 溢出脉冲作为串行口模式 1 或模式 3 的接收时钟；当 RCLK＝0 时，将 T1 溢出脉冲作为串行口模式 1 或模式 3 的接收时钟。

（4）TCLK：串行口发送时钟标志，只能通过软件置位或清除。当 TCLK＝1 时，将 T2 溢出脉冲作为串行口模式 1 或模式 3 的发送时钟；当 TCLK＝0 时，将 T1 溢出脉冲作为串行口模式 1 或模式 3 的发送时钟。

（5）EXEN2：定时器/计数器 2 的外部使能标志，用来选择定时器/计数器的工作方式，只能通过软件置位或清除。当 EXEN2＝0 时，禁止外部时钟触发 T2，T2EX 引脚（P1.1）负跳变对 T2 不起作用。当 EXEN2＝1 且 T2 未用作串行口波特率发生器时，允许外部时钟触发 T2，即 T2EX（P1.1）引脚负跳变产生捕获或重装，并置位 EXF2，申请中断。

（6）TR2：定时器/计数器 2 的启动/停止控制位。当 TR2＝1 时，启动定时/计数器 2。当 TR2＝0 时，停止定时器/计数器 2。

（7）C/$\overline{T2}$：定时器/计数器 2 的工作模式选择位，只能通过软件置位或清除。当 C/$\overline{T2}$＝0 时，T2 为定时模式，当 C/$\overline{T2}$＝1 时，T2 为计数模式，下降沿触发。

（8）CP/$\overline{RL2}$：定时器/计数器 2 的捕获/重装载标志，只能通过软件置位或清除。

当 CP/$\overline{\text{RL2}}$＝1 且 EXEN2＝1 时，T2EX 引脚(P1.1)负跳变脉冲产生捕获操作。当 CP/$\overline{\text{RL2}}$＝0 且 EXEN2＝0 时，T2 溢出或 T2EX 引脚(P1.1)负跳变可为 T2 自动重装载。若 RCLK＝1 或 TCLK＝1 时，该控制位无效，定时器 2 被强制为溢出时自动重装载模式。

2)T2MOD 模式寄存器

T2MOD 寄存器是定时器/计数器 2 的模式寄存器，字节地址为 C9H，不可位寻址。T2MOD 寄存器的格式如图 3－5 所示。

	7	6	5	4	3	2	1	0
T2MOD	－	－	－	－	－	－	T2OE	DCEN

图 3－5　模式寄存器 T2MOD 的位定义

(1)T2OE：定时器/计数器 2 时钟输出使能位。当 T2OE＝1 时，允许时钟输出到 P1.0。

(2)DCEN：定时器/计数器 2 的向下计数使能位。当 DCEN＝1 时，定时器/计数器 2 向下计数，否则向上计数。

3)定时器/计数器 2 的工作方式

T2 的工作方式由特殊功能寄存器 T2CON 来设定，T2 的三种工作方式分别是自动重装初值的 16 位定时器/计数器、捕获事件和波特率发生器，如表 3－6 所示。

表 3－6　T2 工作方式选择

RCLK＋TCLK	CP/$\overline{\text{RL2}}$	TR2	工作方式
0	0	1	16 位自动重装
0	1	1	16 位捕获
1	X	1	波特率发生器
X	X	0	关闭

三、中断系统

1. 中断的概念

当机器正在执行程序的过程中，一旦遇到一些异常或特殊请求时，就停止正在执行的程序，而转入必要的处理，并在处理完毕后，立即返回断点继续执行。

2. 中断系统结构

STC89C52 系列单片机的中断系统由中断源、中断标志、中断允许控制寄存器和中断优先级控制寄存器等构成。

1)中断源

中断源是指在单片机系统中向 CPU 发出中断请求的来源，中断源可以人为设定，也可以是为响应突发性随机事件而设置。

传统的 51 系列单片机有 5 个基本中断源：

(1)外部中断 0($\overline{INT0}$)，中断服务程序入口地址为 0003H，中断请求标志为 IE0。

(2)定时器 0，中断服务程序入口地址为 000BH，中断请求标志为 TF0。

(3)外部中断 1($\overline{INT1}$)，中断服务程序入口地址为 0013H，中断请求标志为 IE1。

(4)定时器 1，中断服务程序入口地址为 001BH，中断请求标志为 TF1。

(5)串行口中断(UART)，中断服务程序入口地址为 0023H，中断请求标志为 TI 和 RI。

STC89C52 单片机在 5 个中断源的基础上增加了三个中断源：

(1)定时器 2，中断服务程序入口地址为 002BH，中断请求标志为 TF2 和 EXF2。

(2)外部中断 2($\overline{INT2}$)，中断服务程序入口地址为 0033H，中断请求标志为 IE2。

(3)外部中断 3($\overline{INT3}$)，中断服务程序入口地址为 003BH，中断请求标志为 IE3。

2)中断控制

STC89C52 单片机与中断有关的寄存器有 TCON、SCON、T2CON、XICON、IE、IP、IPH。

(1)定时控制寄存器 TCON。

TCON 的字节地址为 88H，是可位寻址的特殊功能寄存器。各位的定义如表 3-7 所示。

表 3-7 定时控制寄存器 TCON 的位定义

位定义	位地址	位定义	位地址
TF1	8FH	IE1	8BH
TR1	8EH	IT1	8AH
TF0	8DH	IE0	89H
TR0	8CH	IT0	88H

①IE1(TCON.3)：外部中断 1 中断请求标志位。当 CPU 检测到$\overline{INT1}$(P3.3 脚)上有外部中断请求信号时，IE1 由硬件自动置位，请求中断；当 CPU 响应中断进入中断服务程序后，IE1 被硬件自动清除。

②IT1(TCON.2)：外部中断 1 触发类型选择位。IT1 状态可由软件置位或清除，当 IT1＝1 时，为下降沿触发；当 IT1＝0 时，为低电平触发。

③IE0(TCON.1)：外部中断 0 中断请求标志位，其功能与 IE1 类同。

④IT0(TCON.0)：外部中断 0 触发类型选择位，其功能与 IT1 类同。

（2）串行口控制寄存器 SCON。

SCON 的字节地址为 98H，是可位寻址的特殊功能寄存器。各位的定义如表 3-8 所示。

表 3-8　串行口控制寄存器 SCON 的位定

位定义	位地址	位定义	位地址
SM0	9FH	TB8	9BH
SM1	9EH	RB8	9AH
SM2	9DH	TI	99H
REN	9CH	RI	98H

串行口控制寄存器 SCON 中只有 TI 和 RI 两位与串行口中断控制有关。

①TI(SCON.1)：串行口发送中断标志位。在串行口发送完一组数据时，TI 由硬件自动置 1，请求中断；当 CPU 响应中断进入中断服务程序后，TI 状态不能被硬件自动清除，必须在中断程序中由软件来清除。

②RI(SCON.0)：串行口接收中断标志位。在串行口接收完一组串行数据时，RI 由硬件自动置 1，请求中断，当 CPU 响应中断进入中断服务程序后，也必须由软件来清除 RI 标志。

（3）方式寄存器 T2CON。

方式寄存器 T2CON 的字节地址为 C8H，是可位寻址的特殊功能寄存器。各位的定义如表 3-9 所示。

表 3-9　方式寄存器 T2CON 的位定义

位定义	位地址	位定义	位地址
TF2	CFH	—	CBH
—	CEH	—	CAH
—	CDH	—	C9H
—	CCH	—	C8H

TF2：定时器/计数器 2 的溢出中断请求标志位。

（4）中断允许控制寄存器 IE。

STC89C52 单片机设有专门的开中断和关中断指令，中断的开放和关闭是通过中断允许寄存器 IE 和 XICON 进行两级控制的。所谓两级控制是指所有中断允许的总控制位和各中断源允许的单独控制位，每位状态靠软件来设定。IE 的字节地址为 C0H，可位寻址。各位的定义如表 3-10 所示。各控制位置 1 表示中断允许；置 0 表示禁止中断。

表 3-10　中断允许控制寄存器 IE 的位定义

位定义	位地址	位定义	位地址
EA	AFH	ET1	ABH
—	—	EX1	AAH
ET2	ADH	ET0	A9H
ES	ACH	EX0	A8H

①EA(IE.7)：总允许控制位。EA 状态可由软件设定，若 EA=0，禁止所有中断源的中断请求；若 EA=1，则总控制被开放，但每个中断源是被允许还是被禁止 CPU 响应，还受控于中断源的各自中断允许控制位的状态。

②ES(IE.4)：串行口中断允许控制位。若 ES=0，禁止串行口中断；若 ES=1，允许串行口中断。

③ET1(IE.3)：定时器/计数器 1 的溢出中断允许控制位。若 ET1=0，禁止定时器/计数器 1 中断；若 ET1=1，允许定时器/计数器 1 溢出中断。

④EX1(IE.2)：外部中断 1 的中断请求允许控制位。若 EX1=0，外部中断 1 被禁止；若 EX1=1，外部中断 1 被允许。

⑤ET0(IE.1)：定时器/计数器 0 的溢出中断允许控制位。其功能类同于 ET1。

⑥EX0(IE.0)：外部中断 0 的中断请求允许控制位。其功能类同于 EX1。

⑦ET2：定时器/计数器 2 的溢出/外部触发中断允许控制位。其动能类同于 ET1。

(5)中断优先级控制寄存器 IP。

STC89C52 单片机 8 个中断源硬件自动配置了相同优先级别的中断查询次序，依次是外部中断 0、定时器/计数器 0、外部中断 1、定时器/计数器 1、串行口中断、定时器/计数器 2、外部中断 2、外部中断 3。STC89C52 单片机有四级中断，通过软件来配置，由中断控制寄存器 IP、IPH、XICON 来设置。

中断优先级低位寄存器 IP 字节地址为 B8H，可位寻址。各位的定义如表 3-11 所示。

表 3-11　中断优先级控制寄存器 IP 的位定义

位定义	位地址	位定义	位地址
—	—	PT1	BBH
—	—	PX1	BAH
PT2	BDH	PT0	89H
PS	BCH	PX0	B8H

①PT2(IP.5)：定时器/计数器 2 中断优先级控制位低位。

②PS(IP.4)：串行口中断优先级控制位低位。

③PT1(IP.3)：定时器/计数器 1 中断优先级控制位低位。

④PX1(IP.2)：外部中断 1 优先级控制位低位。

⑤PT0(IP.1)：定时器/计数器 0 中断优先级控制位低位。

⑥PX0(IP.0)：外部中断 0 优先级控制位低位。

注意：IP 为各中断源中断优先级低位寄存器，与各中断源中断优先级高位寄存器 IPH 配合来配置各个中断源的中断优先级，共有 4 级。

(6)中断优先级高位寄存器 IPH。

中断优先级高位寄存器 IPH 字节地址为 B7H，不能进行位寻址。中断优先级高位寄存器 IPH 的位名称如图 3－6 所示。

| IPH | PX3H | PX2H | PT2H | PSH | PT1H | PX1H | PT0H | PX0H |

图 3－6　中断优先级高位寄存器 IPH 的位名称

①PX0H：外部中断 0 中断优先级控制位高位。

②PT0H：定时器/计数器 0 中断优先级控制位高位。

③PX1H：外部中断 1 中断优先级控制位高位。

④PT1H：定时器/计数器 1 中断优先级控制位高位。

⑤PSH：串行口中断优先级控制位高位。

⑥PT2H：定时器/计数器 2 中断优先级控制位高位。

⑦PX2H：外部中断 2 中断优先级控制位高位。

⑧PX3H：外部中断 3 中断优先级控制位高位。

(7)附加控制寄存器 XICON。

附加控制寄存器 XICON，字节地址为 C0H，可位寻址。各位的定义如表 3－12 所示。

表 3－12　XICON 寄存器的位定义

位定义	位地址	位定义	位地址
PX3	C7H	PX2	C3H
EX3	C6H	EX2	C2H
IE3	C5H	IE2	C1H
IT3	C4H	IT2	C0H

①IT2：外部中断 2 的中断触发类型选择位。当 IT2＝0 时，为低电平触发，当 IT2＝1 时，为下降沿触发。

②IE2：外部中断 2 的中断请求标志位，若 IE2＝0，无中断请求，若 IE2＝1，有

中断请求。

③IT3：外部中断3的中断触发类型选择位。其功能与IT2类同。

④IE3：外部中断3的中断请求标志位。其功能与IE2类同。

⑤EX2：附加的外部中断2的中断请求允许控制位。若EX2＝0，外部中断2被禁止；若EX1＝1，外部中断2被允许。

⑥EX3：附加的外部中断3的中断请求允许控制位。其功能类同于EX2。

⑦PX2：附加外部中断2优先级控制位低位，

⑧PX3：附加外部中断3优先级控制位低位。

注意：STC89C52单片机4级中断优先级由软件设置，它是由各个中断源的优先级高位和低位一起来配置的。例如：外部中断2优先级高位PX2H和低位PX2配置，PX2H PX2＝00，01，10，11，分别配置外部中断2为优先级0(最低)，优先级1，优先级2，优先级3(最高)。

3. 中断响应

1)中断响应的条件

①CPU开中断，即EA＝1。

②该中断源对应的中断请求标志为1。

③该中断源对应的中断允许控制位＝1。

④无同级或更高级中断正在被服务。

2)中断阻断的情况

中断响应是有条件的，当遇到下列三种情况之一时，中断响应被封锁：

①CPU正在处理同级或更高优先级的中断。

②所查询的机器周期不是当前正在执行指令的最后一个机器周期。只有在当前指令执行完毕后，才能进行中断响应，以确保当前指令执行的完整性。

③正在执行的指令是RETI或是访问IE或IP的指令。因为按照AT89S51中断系统的规定，在执行完这些指令后，需要再执行完一条指令，才能响应新的中断请求。

如果存在上述三种情况之一，CPU将丢弃中断查询结果，不能对中断进行响应。

4. 中断请求的撤除

某个中断请求被响应后，就存在着一个中断请求的撤除问题。

1)定时器/计数器中断请求的撤除

在中断响应后，硬件会自动把中断请求标志位(TF0、TF1)清0，自动撤除，TF2或EXF2使用软件清零。

2)外部中断请求的撤除

(1)边沿触发方式的外部中断请求的撤除。

中断标志位清0是在中断响应后由硬件自动完成的。

外中断请求信号的撤除，由于下降沿是一个瞬间动作，在其发生后就会自动消失。因此，边沿触发方式的外部中断请求的撤除也是自动撤除的。

（2）电平触发方式的外部中断请求的撤除。

电平触发方式的外部中断请求的撤除，其中中断请求标志自动撤除，但中断请求信号的低电平可能继续存在，为此，除了标志位清"0"之外，还需在中断响应后把中断请求信号输入引脚从低电平强制改变为高电平，如图3-7所示。

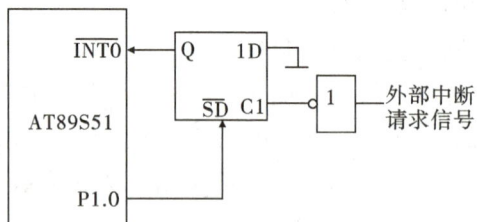

图3-7 电平触发方式的外部中断请求的撤除电路

3）串行口中断请求的撤除

响应串行口中断后，CPU无法知道是接收中断还是发送中断，还需测试这两个中断标志位，以判定是接收操作还是发送操作，然后才清除。所以串行口中断请求的撤除只能使用软件的方法，在中断服务程序中进行，即在中断服务程序中对串行口中断标志位进行清除。

任务实施

一、PM2.5检测仪硬件电路设计

1. 粉尘检测电路的设计

请绘制PM2.5检测仪的粉尘检测电路。

PM2.5检测仪的粉尘检测电路	评价

2. LCD1602 液晶显示电路的设计

请绘制 PM2.5 检测仪的 LCD 液晶显示电路。

PM2.5 检测仪的 LCD 液晶显示电路	评价

3. PM2.5 检测仪的硬件电路设计

请绘制 PM2.5 检测仪的硬件电路图。

PM2.5 检测仪硬件电路图	评价

二、PM2.5 检测仪的程序设计

请查阅资料，结合相关知识编写 PM2.5 检测仪的程序。

PM2.5 检测仪程序（可另附纸）	评价

三、PM2.5 检测仪的仿真调试

（1）在 Keil 软件中，生成目标代码文件。

（2）在 Proteus 软件中绘制好 PM2.5 检测仪的电路，加载目标代码文件，进行仿真。

（3）观察仿真运行结果是否满足控制要求，如果不满足，可以对硬件电路和程序进行检查、修改。

请将 Proteus 软件仿真运行结果进行截图。

PM2.5 检测仪电路仿真图（Proteus 仿真图）

四、元器件清单

根据 PM2.5 检测仪电路原理图确定电路所需元器件，并列出 PM2.5 检测仪所需元器件清单(表 3 – 13)。

表 3 – 13　元器件清单

序号	元器件标号	元器件名称	数量
1			
2			
3			
4			
5			
6			
7			
8			
9			
10			
11			
12			
13			
14			
15			

【思政要点】：通过了解古代计时器及计时工具的发展，树立文化自信，激发的民族自豪感及科技报国情怀，培养科技创新意识。通过对定时器/计数器的学习，树立时间观念，培养珍惜时间的意识。通过对中断系统的学习，明白在工作中要懂得分清轻重缓急，能根据事情的重要性安排先后顺序。

电路原理图

源程序

PM2.5检测仪实物测试

焊接过程及成品图片

拓展项目 3　具有环境温度显示功能的粉尘检测仪设计

1. 项目要求

本拓展项目以现有 PM2.5 粉尘检测仪为基础，在现有粉尘检测仪的基础上增加环境温度检测及显示功能，即设计一种具有当前环境温度检测功能的粉尘检测仪。

项目要求：

(1)能够实时检测空气中的粉尘浓度值(PM2.5 值)，并通过 LCD 液晶显示器显示。

(2)具有声光报警功能，即当检测值大于设定的报警阈值时，蜂鸣器报警，LED 灯点亮。

(3)能够通过按键手动设置粉尘浓度报警阈值。

(4)能够实时检测当前环境温度，并通过 LCD 液晶显示器显示。

任务清单

序号	任务内容	任务要求	验收方式
1	完成方案设计	(1)查阅资料，完成设计方案； (2)绘制系统框图； (3)设计符合电子产品设计规范及要求	材料提交
2	完成硬件电路设计	(1)绘制电路原理图； (2)列出元器件清单	材料提交
3	完成程序设计	(1)绘制程序流程图； (2)编写程序； (3)可以利用 Proteus 软件进行仿真调试	材料提交
4	焊接硬件电路	(1)利用万能板完成粉尘检测仪电路的组装与焊接； (2)电路测试	实物
5	完成软硬件调试	(1)软硬件联机调试； (2)电路功能测试	实物

2. 相关知识

本项目完成的关键在于温度检测电路的设计及编程。请同学们结合所学项目，查阅资料相互讨论完成任务工单中的内容，确保项目顺利实施。

任务工单

引导问题	内容	自我评价
1. 简述电子设计中常用的温度传感器有哪些		
2. 简述什么是单总线		
3. 简述 DS18B20 温度传感器的引脚功能、特性、工作原理、控制指令及电路连接		

3. 制订设计方案

查阅资料，讨论完成项目设计方案，并制订项目工作计划。

项目设计方案及工作计划

1. 根据设计要求简述项目设计方案
2. 绘制系统框图

3. 项目相关内容

(1)项目所需基本元器件	
(2)项目完成所需相关工具及软件准备情况	
(3)项目所需相关其他辅助材料	

4. 人员分工及进度安排

内容	姓名	时间安排	备注
电路设计			
程序设计			
Proteus 仿真调试			
电路组装焊接			
软硬件联机调试			

4. 项目实施

按照设计方案共同讨论完成粉尘检测仪的硬件电路设计、程序设计、Proteus 仿真调试、电路焊接及软硬件联机调试等。将项目的实施情况及遇到的问题等填写到项目实施工单中。

项目实施工单

项目内容	项目设计内容	实施情况及问题反馈
硬件电路设计	1. 绘制电路原理图	
	2. 列出元器件清单 表格如下	

（接上格元器件清单表）

序号	元器件标号	元器件名称及规格	数量

（行数不够可另附纸）

项目内容	项目设计内容	实施情况及问题反馈
程序设计（可另附纸）		
电路焊接与调试（实物照片）		

5. 改进及总结

对于项目中存在的问题，查阅资料，讨论确定改进方法，并记录。

项目改进及总结

项目改进 要点记录	
项目收获 及总结	

项目四
智能水位检测仪

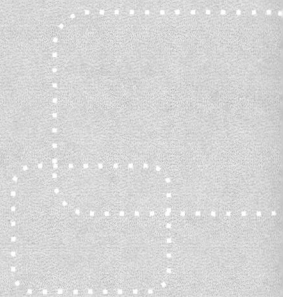

项目导入

为了方便进行水塔水位的检测，现需要设计一个智能水位检测仪。该智能水位检测仪能够实时监测水位，并具有声光报警功能，当水位低于设定值时，进行注水，当水位高于设定值时，进行排水。

学习目标

1. 知识目标

(1)了解压力传感器的结构和工作原理。

(2)掌握 D3B 压力传感器的引脚功能和连接方法。

(3)掌握继电器的结构和工作原理。

(4)能够根据电路的实际情况选择合适的继电器。

(5)掌握继电器驱动电路的设计方法。

(6)掌握 C51 程序的编写方法及技巧。

2. 能力目标

(1)能够完成水位检测仪的电路设计和程序编写。

(2)能够使用 Keil 软件进行单片机程序的仿真调试。

(3)能够使用 Proteus 软件进行单片机系统的仿真。

(4)能够完成水位检测仪的焊接制作与程序调试。

3. 素质目标

(1)通过课前预习查阅资料，培养获取信息、自我学习的能力。

(2)通过分组讨论，培养团队协作、交流沟通、互帮互助的意识。

(3)通过分组完成任务，培养善于思考、分析问题、解决问题的能力。

(4)通过程序的编写，培养严谨细致的逻辑思维能力。

(5)培养不断开拓的创新意识和勇于承担责任的意识。

(6)培养自主学习、独立思考、主动探索的意识，进而提高学习的积极性和主动性。

(7)培养敢于实践、求真务实、精益求精、一丝不苟的工匠精神。

(8)培养一定的工程理念，提高实践创新能力，进而培养民族自豪感和社会责任感。

(9)培养严谨细致、不畏艰难，不怕吃苦的工作态度及良好的职业道德。

(10)通过项目制作，培养规范操作、安全生产和节能环保的意识。

项目任务

　　本项目设计一个基于单片机的水位检测仪，该水位检测仪具有声光报警和 LCD 显示功能，且能够手动设置水位的上、下限阈值。当检测到的水位值低于下限值时，蜂鸣器报警，LED 灯闪烁，同时启动水泵开始注水。当检测到的水位值高于上限值时，蜂鸣器报警，LED 灯闪烁，同时启动水泵开始排水。要求采用 D3B 压力传感器进行水位高度的采样，使用 LCD1602 液晶显示器进行当前水位值、工作模式和水位上下限阈值的显示。

智能水位检测仪动画

项目总体设计

　　根据本项目设计要求，智能水位检测仪电路主要由单片机最小系统电路、LCD液晶显示电路、按键控制电路、声光报警电路、水位检测电路和水泵驱动电路组成。系统框图如图4-1所示。

　　该水位检测仪有手动模式和自动模式两种工作模式，这两种工作模式可通过按键任意切换。当在手动模式工作时，可以通过按键控制注水水泵和抽水水泵的启动与停止。当在自动模式工作时，可以通过单片机控制注水水泵和抽水水泵的工作情况。其中，水位检测电路采用D3B压力传感器进行当前水位值的采样，将采样到的水位模拟信号输送给ADC0832，通过ADC0832芯片将模拟信号转换为数字信号后，传送给单片机进行分析处理。当检测到的水位值低于下限值时，蜂鸣器报警，LED灯闪烁，同时启动水泵开始注水。当检测到的水位值高于上限值时，蜂鸣器报警，LED灯闪烁，同时启动水泵开始排水。水泵驱动电路采用继电器驱动水泵实现注水和抽水的功能。LCD1602液晶显示器显示当前水位值和水位检测仪的工作模式及水位的上下限阈值。水位的上下限阈值可以通过按键进行设置。

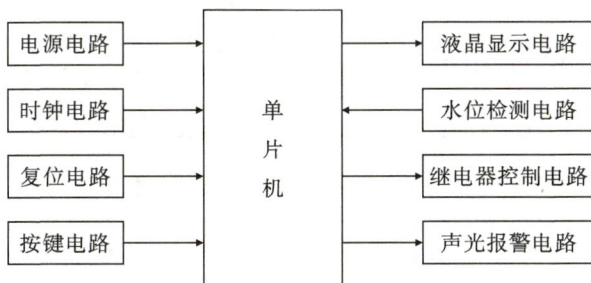

图 4-1　水位检测仪系统框图

引导学习

请同学们结合本项目相关知识，认真查阅资料，通过个人学习、小组讨论的方式完成以下学习任务。

(1)请查阅资料，说明压力传感器的作用和应用场合。

_____

_____

_____

_____

(2)请查阅资料，写出常用的压力传感器型号。

_____

_____

_____

_____

(3)简述继电器的结构和工作原理。

_____

_____

_____

_____

(4)请查阅资料绘制继电器驱动电路，并简述继电器驱动原理。

（5）请查阅资料，结合所学知识绘制水位检测仪的硬件电路图。

（6）简述水位检测仪的程序设计思路程序设计思路并绘制主程序流程图。

相关知识

一、压力传感器

1. 压力传感器简介

压力传感器是能感受压力信号，并能按照一定的规律将压力信号转换成可用的输出的电信号的器件或装置。压力传感器通常由压力敏感元件和信号处理单元组成。它是工业实践、仪器仪表控制中最常用的一种传感器，广泛应用于各种工业自控环境，涉及水利水电、铁路交通、生产自控、航空航天、军工、石化、油井、电力、船舶、机床、管道等众多行业。

压力传感器的种类繁多，如电阻应变片压力传感器、半导体应变片压力传感器、压阻式压力传感器、电感式压力传感器、电容式压力传感器、谐振式压力传感器及电容式加速度传感器等。但应用最为广泛的是压阻式压力传感器，它具有极低的价格和较高的精度及较好的线性特性。

压阻式压力传感器是利用单晶硅材料的压阻效应和集成电路技术制成的传感器。压阻式传感器常用于压力、拉力、压力差和可以转变为力的变化的其他物理量（如液位、加速度、重量、应变、流量、真空度）的测量和控制。

2. D3B 压力传感器

D3B 压力传感器的外观如图 4-2 所示。

图 4-2　D3B 压力传感器外观

1）D3B 压力传感器的技术参数

工作电压：4.2～6.2 V；

压力范围：0～1000 毫米水柱；

电压输出：0.23～4.9 V；

线性度：0.2%；

外形：30 mm×30 mm×20 mm。

D3B 压力传感器的工作
原理及引脚接法

2)D3B 压力传感器的引脚

D3B 压力传感器共有 3 个引脚，分别为 I、O、G。通常情况下，I 接＋5 V 电源，G 接地，O 为输出端，接 AD 转化芯片的模拟信号输入端，同时在 I 与 O 两个引脚之间接 2.2 kΩ 的电阻。

D3B 压力传感器引脚功能　　D3B 压力传感器工作原理

二、继电器

1. 继电器简介

继电器是一种电子控制器件，它具有控制系统和被控制系统，通常应用于自动控制电路，它是用较小的电流去控制较大电流的一种"自动开关"，在电路中起着自动调节、安全保护、转换电路等作用。继电器外形如图 4－3所示。

DC5V 继电器引脚分布

图 4－3　继电器外形　　　　汇科继电器 HK4100F 说明书(官方)

2. 继电器的主要技术参数

1)额定工作电压

额定工作电压是指继电器正常工作时线圈所需要的电压，也就是控制电路的控制电压，根据继电器的型号不同，可以是交流电压，也可以是直流电压。

2)直流电阻

直流电阻是指继电器中线圈的直流电阻，可以通过万能表测量。

3)吸合电流

吸合电流是指继电器能够产生吸合动作的最小电流。在正常使用时，给定的电流必须略大于吸合电流，这样继电器才能稳定地工作。而对于线圈所加的工作电压，一般不要超过额定工作电压的1.5倍，否则会产生较大的电流而把线圈烧毁。

4）释放电流

释放电流是指继电器产生释放动作的最大电流。当继电器吸合状态的电流减小到一定程度时，继电器就会恢复到未通电的释放状态。这时的电流远远小于吸合电流。

5）触点切换电压和电流

触点切换电压和电流是指继电器允许加载的电压和电流。它决定了继电器能控制的电压和电流的大小，使用时不能超过此值，否则很容易损坏继电器的触点。

整流二极管的工作原理　　　　1N4007中文资料

任务实施

一、水位检测仪硬件电路设计

1. 水位检测电路的设计

请绘制智能水位检测仪的水位检测电路。

智能水位检测仪的水位检测电路	评价

2. 继电器控制电路的设计

请绘制智能水位检测仪的继电器控制电路。

智能水位检测仪的继电器控制电路	评价

3. 智能水位检测仪的硬件电路设计

请绘制智能水位检测仪的硬件电路图。

智能水位检测仪硬件电路图	评价

二、智能水位检测仪的程序设计

请查阅资料，结合相关知识编写智能水位检测仪的程序。

智能水位检测仪程序（可另附纸）	评价

三、智能水位检测仪的仿真调试

（1）在 Keil 软件中，生成目标代码文件。

（2）在 Proteus 软件中绘制好智能水位检测仪电路，加载目标代码文件，进行仿真。

（3）观察仿真运行结果是否满足控制要求，如果不满足，可以对硬件电路和程序进行检查、修改。

请将 Proteus 软件仿真运行结果进行截图。

智能水位检测仪电路仿真图（Proteus 仿真图）

四、元器件清单

根据智能水位检测仪电路原理图确定电路所需元器件，并列出智能水位检测仪所需元器件清单（表4-1）。

表4-1　元器件清单

序号	元器件标号	元器件名称	数量
1			
2			
3			
4			
5			
6			
7			
8			
9			
10			
11			
12			
13			
14			
15			
16			
17			
18			

【思政要点】科技进步是衡量一个国家综合国力的关键指标之一，通过参与项目实践，可以深入了解科技的应用原理和实践方法，提高科技素养和创新能力，这种精神

不仅有助于自身的成长和发展，还能为国家的科技创新和进步提供源源不断的动力；项目制作过程中，应遵循工程规范和操作流程，注重安全生产和节能环保，培养工程素养和社会责任感。积极参与各种科技项目实践，提高实践能力和创新意识。

电路原理图　　　　　　　源程序　　　　　　智能水位检测仪仿真

焊接过程及成品图片　　智能水位检测仪实物测试

拓展项目 4　设计一种可远程遥控的水位检测仪

1. 项目要求

本拓展项目以现有的智能水位检测仪为基础，在现有智能水位检测仪的基础上增加红外遥控功能，即设计一个具有红外遥控功能的智能水位检测仪。

项目要求：

(1)能够检测水位高度，并通过 LCD 液晶显示屏显示当前水位高度和设定的水位上下限阈值。

(2)可以通过按键手动设置水位的上下限阈值。

(3)当检测到的水位高度值低于下限值时，报警电路中的蜂鸣器报警，LED 灯闪烁，同时启动水泵开始加水。

(4)当检测到的水位高度值高于上限值时，报警电路中的蜂鸣器报警，LED 灯闪烁，同时控制水泵开始排水。

(5)能够通过红外遥控器实现远程控制。

任务清单

序号	任务内容	任务要求	验收方式
1	完成方案设计	(1)查阅资料，完成设计方案； (2)绘制系统框图； (3)设计符合电子产品设计规范及要求	材料提交
2	完成硬件电路设计	(1)绘制电路原理图； (2)列出元器件清单	材料提交
3	完成程序设计	(1)绘制程序流程图； (2)编写程序； (3)可以利用 Proteus 软件进行仿真调试	材料提交
4	焊接硬件电路	(1)利用万能板完成水位检测仪电路的组装与焊接； (2)电路测试	实物
5	完成软硬件调试	(1)软硬件联机调试； (2)电路功能测试	实物

2. 相关知识

本项目完成的关键在于红外遥控电路的设计。请同学们结合所学项目，查阅资料相互讨论完成任务工单中的内容，确保项目顺利实施。

任务工单

引导问题	内容	自我评价
(1)熟悉红外遥控器的特性、结构及工作原理。		
(2)简述 HX1838 红外接收头的特性、参数、原理、引脚及使用方法。		

3. 制订设计方案

查阅资料，讨论完成项目设计方案，并制订项目工作计划。

项目设计方案及工作计划

1. 根据设计要求简述项目设计方案

2. 绘制系统框图

3. 项目相关内容	
（1）项目所需基本元器件	
（2）项目完成所需相关工具及软件准备情况	
（3）项目所需相关其他辅助材料	

4. 人员分工及进度安排

内容	姓名	时间安排	备注
电路设计			
程序设计			
Proteus 仿真调试			
电路组装焊接			
软硬件联机调试			

4. 项目实施

按照设计方案共同讨论完成水位检测仪的硬件电路设计、程序设计、Proteus 仿真调试、电路焊接及软硬件联机调试等。将项目的实施情况及遇到的问题等填写到项目实施工单中。

项目实施工单

项目内容	项目设计内容	实施情况及问题反馈
硬件电路设计	1. 绘制电路原理图	

项目 内容	项目设计内容	实施情况 及问题反馈
硬件 电路 设计	2. 列出元器件清单 | 序号	元器件标号	元器件名称及规格	数量 | |---|---|---|---| | | | | | | | | | | | | | | | | | | | | | | | | | | | | | | | | | | | （行数不够可另附纸）	
程序 设计 （可另 附纸）		

项目内容	项目设计内容	实施情况及问题反馈
电路焊接与调试（实物照片）		

5. 改进及总结

对于项目中存在的问题，查阅资料，讨论确定改进方法，并记录。

项目改进及总结

项目改进 要点记录	
项目收获 及总结	

项目五
智能晾衣架

项目导入

在我国大多数普通用户的生活中，很少存在能够随着外界环境的改变而自动收缩或者伸展的智能晾衣架。常见的普通晾衣架在实际生活中并不是很人性化，例如，我们工作不在家时，突然下起雨，在外面晾洗的衣服不能够及时收回等。

本项目要求设计一款智能晾衣架，该智能晾衣架能够在白天没有雨时晾晒衣物，在白天有雨或者天黑时收回衣物。

学习目标

1. 知识目标

(1)了解雨滴传感器的功能和作用。

(2)掌握雨滴传感器的工作原理和接线方法。

(3)掌握 LM393 电压比较器的引脚功能和连接方法。

(4)掌握步进电动机的结构和工作原理。

(5)掌握步进电动机速度控制和方向控制技术。

(6)掌握步进电动机速度控制和方向控制的电路设计和编程方法。

(7)掌握 LB1848 电动机驱动器的引脚功能和连接方法。

(8)了解光敏电阻的结构、功能及工作原理。

(9)掌握 C51 程序的编写方法及技巧。

2. 能力目标

(1)能够完成智能晾衣架的电路设计和程序编写。

(2)能够使用 Keil 软件进行单片机程序的仿真调试。

(3)能够使用 Proteus 软件进行单片机系统的仿真。

(4)能够完成智能晾衣架的焊接制作与调试。

3. 素质目标

(1)通过课前预习查阅资料，培养获取信息、自我学习的能力。

(2)通过分组讨论，培养团队协作、沟通交流、互帮互助的意识。

(3)通过分组完成任务，培养发现问题、分析问题、解决问题的能力。

(4)通过程序的编写，培养严谨细致的逻辑思维能力。

(5)培养科技创新的意识和实践创新的能力。

(6)培养从小事做起，从点点滴滴做起的习惯。

(7)培养认真细致的工作作风和不畏艰难、不怕吃苦的工作态度。

项目任务

　　本项目设计一个基于单片机的智能晾衣架，该智能晾衣架有手动和自动两种工作模式，能够实时检测外界环境变化，当白天没有雨时晾晒衣物，当白天有雨或者天黑时收回衣物。要求采用雨滴传感器检测是否下雨，采用光敏电阻检测外界光照强度，判断白天黑夜。采用微动步进电动机的往返运动模拟衣物的晾晒和收回。

智能晾衣架动画

项目总体设计

根据本项目设计要求，智能晾衣架控制电路主要由单片机最小系统电路、LED 指示灯电路、水滴检测电路、光照检测电路、按键电路及步进电动机控制电路等模块组成。系统设计框图如图 5-1 所示。

智能晾衣架解决了人们晾晒衣物的问题，其主要功能就是白天没有雨时晾晒衣物，白天有雨或者天黑时收回衣物。该智能晾衣架有手动模式和自动模式两种工作模式，这两种工作模式可通过按键任意切换。当在手动模式工作时，可以通过按键控制步进电动机模拟衣服的晾晒和收回。在自动模式下，智能晾衣架可以根据外界环境的变化，自动进行衣物的晾晒与收回。

其中水滴检测电路采用 FC-37 雨滴传感器来检测是否下雨；光照检测电路采用光敏电阻来检测外界环境光照强度，判断白天黑夜。由于雨滴传感器和光敏电阻输出的都是模拟电压信号，所以需要通过一个 LM393 电压比较器将其转换为数字信号，再送给单片机进行分析和处理。电动机驱动电路采用直线丝杆微动步进电动机，通过微动步进电动机的往返运动模拟衣物的晾晒和收回。

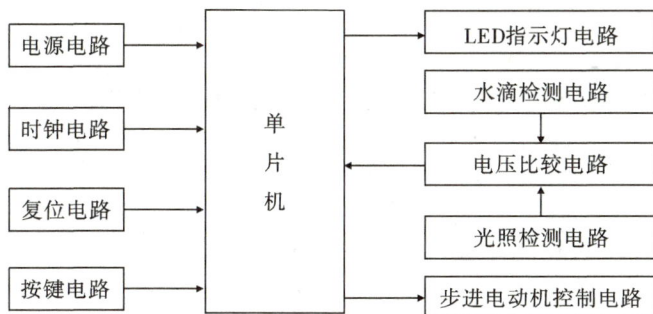

图 5-1 系统设计框图

引导学习

请同学们结合本项目相关知识，认真查阅资料，通过个人学习、小组讨论的方式完成以下学习任务。

(1)简述雨滴传感器的工作原理和作用。

_____

_____

_____

(2)简述步进电动机的结构和工作原理。

_____

_____

_____

(3)如何实现步进电动机的调速？如何实现步进电动机的正反转？

_____

_____

_____

(4)雨滴传感器输出的是电压信号，因此需要将输出模拟信号转换成数字信号后才能送给单片机。请查阅资料，绘制雨滴传感器与 LM393 电压比较器的电路连接图。

(5)请查阅资料绘制 LB1848 驱动芯片的引脚图，并说明各引脚功能。

(6)请查阅资料，绘制光敏电阻与 LM393 电压比较器的电路连接图。

（7）请查阅资料，结合所学知识绘制智能晾衣架的硬件电路图。

（8）简述智能晾衣架的程序设计思路并绘制主程序流程图。

相关知识

一、LM393 电压比较器

1. LM393 电压比较器概述

LM393 电压比较器是一种常用的集成电路器件，用于比较两个电压信号的大小，并根据比较结果输出相应的电平信号。LM393 电压比较器失调电压低，最大为 2.0 mV。可由单电源或双电源供电。由于其高速、低功耗和可靠性等特点，LM393 芯片广泛应用于放大器、振荡器、计数器、遥控器、音频/视频处理、液位检测、红外线探测、光电传感器、温度/湿度监测等领域中。

LM393 中文资料(网络资料)

2. LM393 电压比较器内部功能框图

LM393 电压比较器内部包含两个独立的高精度电压比较器，每个比较器都有两个输入端和一个输出端。它的工作原理：基于差分放大器的设计，通过比较两个输入端口的电压差来产生输出。当正向输入端(IN＋)的电压高于反向输入端(IN－)的电压时，输出高电平；反之，输出低电平。LM393 电压比较器内部功能框图如图 5-2 所示。

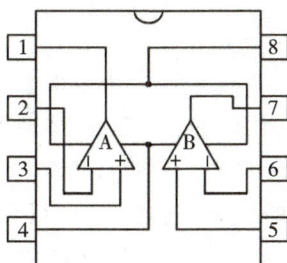

图 5-2　LM393 电压比较器内部功能框图

3. LM393 电压比较器的引脚功能

LM393 电压比较器采用双列直插 8 脚塑料封装(DIP8)和微型的双列 8 脚塑料封装(SOP8)。其引脚分布图如图 5-3 所示。

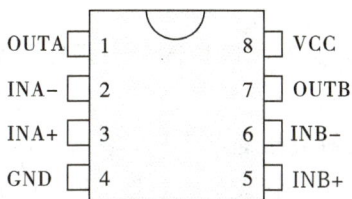

图 5-3　LM393 电压比较器引脚图

LM393 芯片的引脚、工作原理

LM393 电压比较器引脚功能如表 5-1 所示。

表 5-1　LM393 电压比较器引脚功能

引出端序号	符号	功能
1	OUT A	输出端 A
2	IN A−	反相输入端 A
3	IN A+	同相输入端 A
4	GND	接地端
5	IN B+	同相输入端 B
6	IN B−	反相输入端 B
7	OUT B	输出端 B
8	VCC	电源电压

4. LM393 电压比较器的应用注意事项

LM393 电压比较器在应用时有如下特点：

(1)LM393 是高增益，宽频带器件，像大多数比较器一样，如果输出端到输入端有寄生电容而产生耦合，则很容易产生振荡。这种现象仅仅出现在比较器改变状态时，输出电压过渡的间隙。电源加旁路滤波并不能解决这个问题，标准 PC 板的设计对减小输入—输出寄生电容耦合是有助的。减小输入电阻至小于 10 kΩ 将减小反馈信号，而且增加很小的正反馈量(滞回 1.0～10 mV)就能导致快速转换，使得不可能产生由于寄生电容引起的振荡。除非利用滞后，否则直接插入 IC 并在引脚上加电阻将引起输入—输出在很短的转换周期内振荡，如果输入信号是脉冲波形，并且上升和下降时间相当快，则不需要滞回。

(2)比较器的所有没有用的引脚必须接地。

(3)LM393 偏置网络确立了其静态电流与电源电压范围(2.0～30 V)无关。

(4)通常电源不需要加旁路电容。

(5)差分输入电压可以大于 VCC 并不损坏器件，保护部分必须能阻止输入电压向负端超过-0.3 V。

(6)LM393 的输出部分是集电极开路，发射极接地的 NPN 输出晶体管，可以用多集电极输出提供或 OR ing 功能。此输出能作为一个简单的对地 SPS 开路(当不用负载电阻没被运用时)，输出部分的陷电流被可能得到的驱动和器件的 β 值所限制。当达到极限电流(16 mA)时，输出晶体管将退出而且输出电压将很快上升。输出饱和电压被输出晶体管大约 60 ohm 的 γSAT 限制。

(7)当负载电流很小时，输出晶体管的低失调电压（约 1.0 mV）允许输出位在零电平。

二、雨滴传感器

雨滴传感器又叫雨滴检测传感器，是一种专门用于检测雨滴的新型传感元件。该元件广泛用于需要检测雨滴的各种场所。如：无人值守的机房、宾馆高楼的门窗，高级轿车、客车的门窗等的自动控制，以防止雨水的浸蚀。雨滴传感器实物图如图 5-4 所示。

图 5-4　雨滴传感器实物图

雨滴传感器结构、工作原理

雨滴传感器的工作原理如图 5-5 所示。当检测到雨滴时，雨滴传感器的电导率升高，电路中的电流增大，Vout 端输出的电压值增大。

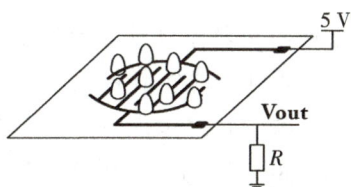

图 5-5　雨滴传感器的工作原理图

雨滴传感器灵敏度调节

从雨滴传感器实物的构造及工作原理可以看出，当有水滴滴在传感器上面的时候，VCC 和 GND 就会相连接，由于材质的原因，它们直接相连接不会短路，而会形成一定的输出电压，根据这个电压就可知道是否下雨。

三、步进电动机

步进电动机是一种将电脉冲信号转换成相应角位移或线位移的电动机。每输入一个脉冲信号，转子就转动一个角度或前进一步，其输出的角位移或线位移与输入的脉冲数成正比，转速与脉冲频率成正比。因此，步进电动机又称脉冲电动机。

直线丝杆步进电动机，包括电动机本体和丝杆，直线丝杆步进电动机将转子轴内部做成内螺纹结构，然后将丝杆穿设在转子轴内，通过螺旋传动的方式将电动机的旋转运动转化为直线行走运动。注意：电动机为两相四线步进电动机，非普通的直流电动机。丝杆电动机实物图如图 5-6 所示。

| 步进电动机结构、引脚、工作原理 | LB1848 模块结构、工作原理 | 24BYJ48-步进电动机使用手册(官方) | LB1848M 中文资料(官方) |

图 5-6　丝杆电动机实物图

四、光敏电阻

1. 光敏电阻简介

光敏电阻是一种特殊的电阻，简称光电阻，又名光导管，常用的制作材料为硫化镉，另外还有硒、硫化铝、硫化铅和硫化铋等材料。这些制作材料具有在特定波长的光照射下，其阻值迅速减小的特性。光敏电阻除具有灵敏度高、反应速度快、光谱特性及 R 值一致性好等特点外，在高温、潮湿的恶劣环境下，还能保持高度的稳定性和可靠性。可广泛应用于照相机、太阳能庭院灯、草坪灯、验钞机、石英钟、音乐杯、礼品盒、迷你小夜灯、声光控开关、路灯自动开关及各种光控玩具的光自动开关控制领域。

2. 光敏电阻的结构及工作原理

1）光敏电阻的结构

光敏电阻通常由光敏层、玻璃基片(或树脂防潮膜)和电极等组成，在电路中通常用字母"R""RL""RG"表示。通常，光敏电阻都制成薄片结构，以便吸收更多的光能。光敏电阻外观和电路符号如图 5-7、图 5-8 所示。

图 5-7　光敏电阻外观　　　图 5-8　光敏电阻电路符号

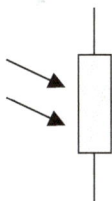

当它受到光的照射时，半导体片（光敏层）内就激发出电子-空穴对，参与导电，使电路中电流增强。为了获得高的灵敏度，光敏电阻的电极常采用梳状图案，它是在一定的掩膜下向光电导薄膜上蒸镀金或铟等金属形成的。

2）光敏电阻的工作原理

光敏电阻的工作原理主要基于内光电效应。当光敏电阻受到光照时，价带中的电子吸收光子能量后跃迁到导带，成为自由电子，同时产生空穴，电子-空穴对的出现使电阻率变小。光照愈强，电子-空穴对就越多，阻值就愈低。当光敏电阻两端加上电压后，流过光敏电阻的电流随光照增大而增大。入射光消失，电子-空穴对逐渐复合，电阻也逐渐恢复原值，电流也逐渐减小。光敏电阻的工作原理如图 5-9 所示。

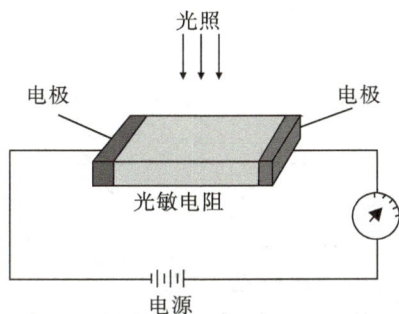

5228 光敏电阻的结构原理

GL55 系列光敏

电阻规格书（网络资源）

图 5-9　光敏电阻的工作原理

光敏电阻对光线十分敏感，其在无光照时，呈高阻状态，暗电阻一般可达 $1.5\ \mathrm{M\Omega}$。当有光照时，材料中激发出自由电子和空穴，其电阻值减小，随着光照强度的升高，电阻值迅速降低，亮电阻值可降低至 $1\ \mathrm{k\Omega}$ 以下。

光敏电阻没有极性，纯粹是一个电阻器件，使用时既可加直

光敏电阻灵敏度调节

流电压，也可加交流电压。若把光敏电阻接成闭合回路，通过改变光照的强度就可改变回路中的电流大小，可将光信号转换为电信号。光敏电阻接线图如图5-10所示。

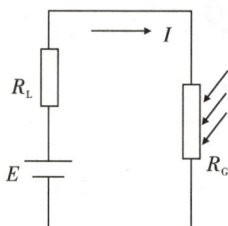

图5-10　光敏电阻接线图

任务实施

一、智能晾衣架的硬件电路设计

1. 雨滴光照检测电路的设计

请绘制智能晾衣架的雨滴光照检测电路。

智能晾衣架的雨滴光照检测电路	评价

2. 步进电动机驱动电路

请绘制智能晾衣架的步进电动机驱动电路。

智能晾衣架的步进电动机驱动电路	评价

3. 智能晾衣架的硬件电路设计

请绘制智能晾衣架的硬件电路图。

智能晾衣架的硬件电路图（可另附纸）	评价

二、智能晾衣架的程序设计

请查阅资料，结合相关知识编写智能晾衣架的程序。

智能晾衣架程序（可另附纸）	评价

三、元器件清单

根据智能晾衣架电路原理图确定电路所需元器件，并列出智能晾衣架所需元器件清单(表5-2)。

表5-2 元器件清单

序号	元器件标号	元器件型号	数量
1			
2			
3			
4			
5			
6			
7			
8			
9			
10			
11			
12			
13			
14			
15			
16			
17			
18			
19			
20			

【思政要点】通过了解谭浩强、钱学森、钱三强、邓稼先、黄旭华、袁隆平等科学家的事迹，树立正确的人生观和价值观，增强民族自信心和自豪感。进而培养严谨细致、精益求精的工匠精神。

电路原理图

源程序

焊接过程及成品图片

智能晾衣架实物测试

拓展项目5　设计一种具有风速检测功能的智能晾衣架

1. 项目要求

本拓展项目以现有的智能晾衣架为基础，在现有智能晾衣架的基础上增加风速检测功能，即设计一种具有外界环境(白天、黑夜、下雨、大风)检测功能的智能晾衣架。

项目要求：

(1)能够实时检测外界环境变化(白天、黑夜、下雨、大风)。

(2)可以通过按键进行手动、自动切换。

(3)当白天没有雨时晾晒衣物，当白天有雨或者天黑时收回衣物。

(4)当风速超过四级时收回衣物。

任务清单

序号	任务内容	任务要求	验收方式
1	完成方案设计	(1)查阅资料，完成设计方案； (2)绘制系统框图； (3)设计符合电子产品设计规范及要求	材料提交
2	完成硬件电路设计	(1)绘制电路原理图； (2)列出元器件清单	材料提交
3	完成程序设计	(1)绘制程序流程图； (2)编写程序； (3)利用 Proteus 软件进行仿真调试	材料提交
4	焊接硬件电路	(1)利用万能板完成智能晾衣架电路的组装与焊接； (2)电路测试	实物
5	完成软硬件调试	(1)软硬件联机调试； (2)电路功能测试	实物

2. 项目要求

本项目完成的关键在于风力检测电路的设计及编程。请同学们结合所学项目，查阅资料相互讨论完成任务工单中的内容，确保项目顺利实施。

任务工单

引导问题	内容	自我评价
(1)常用的风速传感器有哪些？请选择合适的风速传感器。		
(2)简述三风杯式风速传感器的结构、工作原理及连接方法。		

3. 制订设计方案

查阅资料，讨论完成项目设计方案，并制订项目工作计划。

项目设计方案及工作计划工单

1. 根据设计要求简述项目设计方案
2. 绘制系统框图

3. 项目相关内容	
(1)项目所需基本元器件	
(2)项目完成所需相关工具及软件准备情况	
(3)项目所需相关其他辅助材料	

4. 人员分工及进度安排

内容	姓名	时间安排	备注
电路设计			
程序设计			
Proteus 仿真调试			
电路组装焊接			
软硬件联机调试			

4. 项目实施

按照设计方案共同讨论完成智能晾衣架的硬件电路设计、程序设计、Proteus 仿真调试、电路焊接及软硬件联机调试等。将项目的实施情况及遇到的问题等填写到项目实施工单中。

项目实施工单

项目 内容	项目设计内容	实施情况 及问题反馈
硬件 电路 设计	1. 绘制电路原理图 2. 列出元器件清单 {表格：序号 / 元器件标号 / 元器件名称及规格 / 数量} （行数不够可另附纸）	

2. 列出元器件清单

序号	元器件标号	元器件名称及规格	数量

（行数不够可另附纸）

项目内容	项目设计内容	实施情况及问题反馈
程序设计（可另附纸）		
电路焊接与调试（实物照片）		

5. 改进及总结

对于项目中存在的问题，查阅资料，讨论确定改进方法，并记录。

项目改进及总结

项目改进 要点记录	
项目收获 及总结	

项目六
定时开关

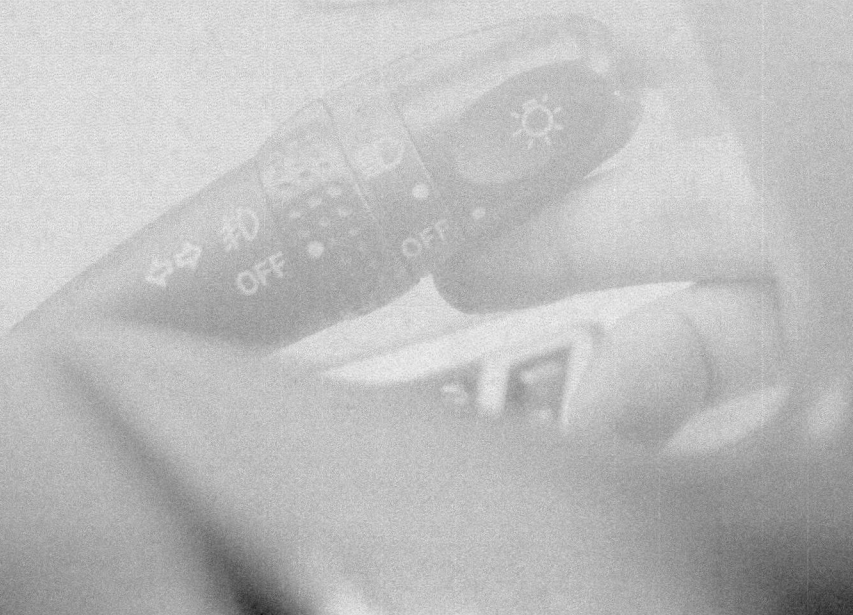

项目导入

随着生活水平的提高和生活节奏的加快，人们对电器的依赖性进一步提高，对电器的定时需求也进一步增大。本项目要求设计一款能够准确定时的定时开关。

学习目标

1. 知识目标

(1)了解 DS1302 时钟芯片的结构和工作原理。

(2)掌握 DS1302 芯片的引脚功能和读写时序。

(3)掌握 DS1302 芯片与单片机的电路连接和程序编写。

(4)了解 AT24C02 芯片的功能和特性。

(5)了解 AT24C02 芯片的操作时序。

(6)掌握 AT24C02 芯片的引脚功能。

(7)掌握 AT24C02 芯片与单片机的电路连接和程序编写。

(8)掌握 C51 程序的编写方法及技巧。

2. 能力目标

(1)能够完成定时开关的电路设计和程序编写。

(2)能够使用 Keil 软件进行单片机程序的仿真调试。

(3)能够使用 Proteus 软件进行单片机系统的仿真。

(4)能够完成定时开关的焊接制作与程序调试。

3. 素质目标

(1)通过课前预习查阅资料，培养获取信息、自我学习的能力。

(2)通过分组讨论，培养团队协作、沟通交流、互帮互助的意识。

(3)通过分组完成任务，培养勤于思考、分析问题、解决问题的能力。

(4)通过程序的编写，培养严谨细致的逻辑思维能力。

(5)培养珍惜时间、合理安排时间的意识。

(6)培养脚踏实地、严谨细致的工作态度和一丝不苟的工匠精神。

(7)通过项目制作，培养规范操作、安全生产和节能环保的意识。

项目任务

本项目设计一个基于单片机的定时开关，该定时开关可以准确地显示年月日、时分秒，且具有定时控制开关通断的功能。当开关闭合时，LED 指示灯亮，当开关断开时，LED 指示灯灭。要求采用 DS1302 时钟芯片实现精确计时，采用 LCD1602 液晶显示器进行当前时间、日期以及定时时间的显示，使用继电器控制开关的通断。

定时开关动画

项目总体设计

根据本项目设计要求，定时开关控制电路主要由单片机最小系统电路、按键控制电路、液晶显示电路、继电器控制电路、实时时钟电路和存储电路等模块组成。系统框图如图 6-1 所示。

实时时钟电路采用 DS1302 芯片，可以实现精确的计时，液晶显示电路采用 LCD1602 液晶显示器，可以显示当前时间、日期及定时开始时间和定时结束时间。当前显示的时间、日期及定时开始时间和定时结束时间可以通过轻触按键进行设置。继电器控制电路用于控制开关的通断。当定时开始时，继电器控制开关接通，LED 指示灯亮；当定时结束时，继电器控制开关断开，LED 指示灯灭。

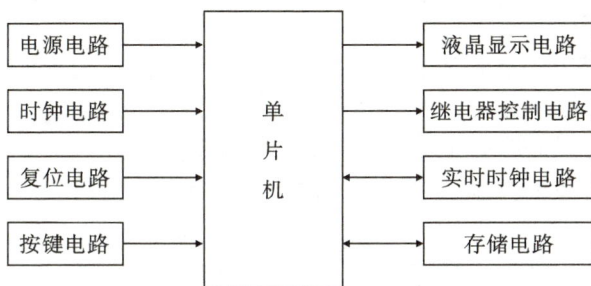

电源电路	→		→	液晶显示电路
时钟电路	→	单片机	→	继电器控制电路
复位电路	→		↔	实时时钟电路
按键电路	→		↔	存储电路

图 6-1　系统设计框图

引导学习

请同学们结合本项目相关知识，认真查阅资料，通过个人学习、小组讨论的方式完成以下学习任务。

(1)请查阅资料，简述 DS1302 芯片的功能和特性？

_____

_____

_____

_____

_____

(2)请查阅资料，写出 DS1302 芯片的所有寄存器中与日历、时钟相关的寄存器，并说明这些寄存器对应的控制字和各位的内容。

_____

_____

_____

_____

_____

(3)请查阅资料，绘制 DS1302 与单片机的电路连接图。

(4)请查阅资料，简述什么是 I^2C 总线。

_____

_____

_____

_____

_____

(5)请查阅资料，简述 AT24C02 芯片的功能和特性。

_____

_____

_____

_____

_____

(6)请查阅资料，绘制 AT24C02 芯片与单片机的电路连接图。

（7）请查阅资料，结合所学知识绘制定时开关的硬件电路图。

（8）简述定时开关的程序设计思路并绘制主程序流程图。

相关知识

一、DS1302 时钟芯片

DS1302 是美国 DALLAS 公司推出的一种高性能、低功耗、带 RAM 的实时时钟电路，它可以对年、月、日、星期、时、分、秒进行计时，具有闰年补偿功能，工作电压为 2.5～5.5 V。采用三线接口与 CPU 进行同步通信，并可采用突发方式一次传送多个字节的时钟信号或 RAM 数据。采用双电源供电（主电源和备用电源），可设置备用电源充电方式，具有对后备电源进行涓细电流充电的能力。

DS1302 中文手册（官方）

DS1302 用于数据记录，特别是对某些具有特殊意义的数据点的记录，它能同时记录数据与出现该数据的时间，因此广泛应用于测量系统中。

1. DS1302 芯片的引脚功能

DS1302 芯片共有 8 个引脚，其引脚分布如图 6-2 所示。

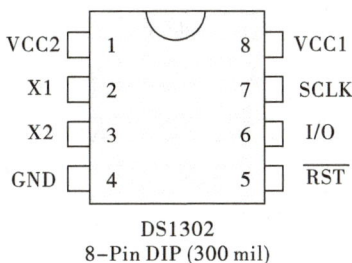

图 6-2　DS1302 芯片引脚图

DS1302 芯片的结构、引脚、工作原理

（1）VCC1 和 VCC2：接 2.5～5.5 V 电源。VCC2 接主电源，VCC1 接备用电源。当 VCC2 比 VCC1 高 0.2 V 以上时，由 VCC2 供电；当 VCC2 小于 VCC1 时，由 VCC1 供电。

（2）GND：接地端。

（3）X1 和 X2：时钟晶振引脚，需要外接一个 32.768 kHz 的晶振。

（4）$\overline{RST}$：复位/片选引脚。

（5）I/O：串行数据输入/输出端（双向），数据的输入/输出均从最低位开始。

（6）SCLK：时钟信号输入端。

注意：① DS1302 芯片为双电源供电，在主电源关闭的情况下，也能保持时钟的连续运行。

② $\overline{RST}$ 是复位/片选线，通过把 RST 输入驱动置高电平来启动所有的数据传送。

$\overline{RST}$输入有两种功能：首先，$\overline{RST}$接通控制逻辑，允许地址/命令序列送入移位寄存器；其次，$\overline{RST}$提供终止单字节或多字节数据的传送手段。当$\overline{RST}$为高电平时，所有的数据传送被初始化，允许对 DS1302 进行操作。如果在传送过程中$\overline{RST}$置为低电平，则会终止此次数据传送，I/O 引脚变为高阻态。上电运行时，在 VCC ≥ 2.5 V 之前，$\overline{RST}$必须保持低电平。只有在 SCLK 为低电平时，才能将$\overline{RST}$置为高电平。

2. DS1302 的控制字格式

单片机对 DS1302 的读/写都必须由单片机先向 DS1302 写入一个控制字（8 位）发起，控制字的格式如图 6-3 所示。

7	6	5	4	3	2	1	0
1	RAM $\overline{CK}$	A4	A3	A2	A1	A0	RD $\overline{WR}$

6-3 DS1302 的控制字格式

DS1302 控制字的最高位（位 7）必须是 1，如果为 0，则不能把数据写入 DS1302；第 6 位，高电平 1 表示读/写 RAM 数据，低电平 0 表示$\overline{CK}$，即读/写日历时钟数据；第 5 位到第 1 位，为 RAM 或者寄存器的地址；最低位（第 0 位），高电平 1 表示 RD，即下一步将要进行"读"操作；低电平 0 表示$\overline{WR}$，即下一步将要进行"写"操作。

操作 DS1302 的大致过程，就是将各种数据写入 DS1302 的寄存器，以设置它当前的时间以及格式。然后使 DS1302 开始运作，DS1302 时钟会按照设置情况运转，再用单片机将其寄存器内的数据读出。

单片机与 DS1302 之间无数据传输时，SCLK 保持低电平，此时如果 RST 从低电平变为高电平，数据传输启动。此时，SCLK 的上升沿将数据写入 DS1302，数据写入从低位（0 位）开始。而在 SCLK 的下降沿从 DS1302 读出数据，读出数据时，从低位到高位。

3. DS1302 的寄存器

DS1302 有 12 个寄存器，其中有 7 个寄存器与日历、时钟相关，存放的数据位为 BCD 码形式，其日历、时间寄存器及其控制字如表 6-1 所示。此外，DS1302 还有年份寄存器、控制寄存器、充电寄存器、时钟突发寄存器及与 RAM 相关的寄存器等。时钟突发寄存器可一次性顺序读写除充电寄存器外的所有寄存器内容。

DS1302 与 RAM 相关的寄存器分为两类：一类是单个 RAM 单元，共 31 个，每个单元组态为一个 8 位的字节，其命令控制字为 C0H～FDH，其中奇数为读操作，偶数为写操作；另一类为突发方式下的 RAM 寄存器，此方式下可一次性读写所有 RAM 的 31 个字节，命令控制字为 FEH(写)、FFH(读)。

可以通过向寄存器写入命令字实现对 DS1302 的操作。例如：如果要设置秒寄存器的初始值，需要先写入命令字 80 H，然后再向秒寄存器写入初始值；如果要读出某时刻秒的值，需要先写入命令字 81 H，然后从秒寄存器读取秒值。

注意：每次上电，必须把秒寄存器的最高位(CH)设置为 0，时钟才能走时；如果需要对 DS1302 写入数据，则必须把写保护寄存器 WP 位设置成 0。

表 6-1　日历、时间寄存器及其控制字

寄存器名称	命令字		取值范围	各位内容							
	写操作	读操作		7	6	5	4	3	2	1	0
秒寄存器	80H	81H	00~59	CH	秒的十位			秒的个位			
分寄存器	82H	83H	00~59	0	分钟的十位			分钟的个位			
时寄存器	84H	85H	01~12 或 00~23	12/24	0	10HR		HR			
日寄存器	86H	87H	01~28，29，30，31	0	0	日期的十位		日期的个位			
月寄存器	88H	89H	01~12	0	0	0	月份的十位	月份的个位			
周寄存器	8AH	8BH	01~07	0	0	0	0	0	星期		
年寄存器	8CH	8DH	00~99	年份的十位				年份的个位			
写保护寄存器	8EH	8FH	00H/80H	WP	0						

1)秒寄存器 SEC

秒时钟寄存器，除了记录秒钟以外，还控制 DS1302 的时钟开关。该位第 7 位 CH，为时钟暂停标志，当写入逻辑 1 时 DS1302 停止工作，时间的计时保持最后一次的状态。如果写入逻辑 0，则 DS1302 开始工作，时间从最后一次状态中继续计时。这里要特别注意的是，时间寄存器里时间是以 BCD 码的格式来存放的。因此高 4 位中的 4~6 记录十位，而低 4 位记录个位。秒钟最大值可以记到 59，如果换成十六进制数的话就是 59H。

2)分寄存器 MIN

八位寄存器，高 4 位记录分的十位，低 4 位记录分的个位。

3)时寄存器 HR

小时寄存器，最高位为 12/24 小时的格式选择位，该位为 1 表示 12 小时格式，为 0 表示 24 小时格式。当设置为 12 小时显示格式时，第 5 位的高电平表示下午(PM)；而当设置为 24 小时格式时，第 5 位为具体的时间数据。

4) 日寄存器 DATE

八位寄存器，高 4 位记录日的十位，低 4 位记录日的个位。

5) 月寄存器 MONTH

八位寄存器，高 4 位记录月的十位，低 4 位记录月的个位。

6) 周寄存器 DAY

八位寄存器，仅有低 4 位被使用，用来记录个位。

7) 年寄存器 YEAR

八位寄存器，高 4 位记录年的十位，低 4 位记录年的个位。不记录世纪，也就是只记年的后两位。

8) 写保护寄存器

WP 为写保护位，其他 7 位均置 0。在对时钟和 RAM 进行任何写操作之前，WP 位必须为 0。当 WP 位为 1 时，写保护位用于防止对任一寄存器进行写操作。

二、AT24C02 芯片

AT24C02 是低功耗 CMOS 型 EEPROM，内含 256×8 位存储空间，具有工作电压宽 $(2.5 \sim 5.5 \text{ V})$、擦写次数多（大于 10 000 次）、写入速度快（小于 10 ms）、抗干扰能力强、数据不易丢失、体积小等特点。并且它采用 I^2C 总线式进行数据读写的串行操作，只占用很少的资源和 I/O 线。AT24C02 有一个 16 字节页写缓冲器，该器件通过 I^2C 总线接口进行操作，还有一个专门的写保护功能。

AT24C02 中文手册（官方）

1. AT24C02 芯片的引脚功能

AT24C02 芯片共有 8 个引脚，其引脚分布如图 6-4 所示。

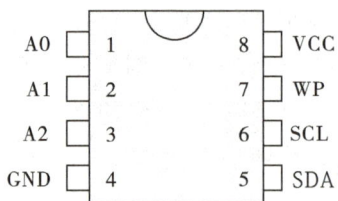

图 6-4 AT24C02 芯片引脚图

(1) SCL：串行时钟输入端，用于产生器件所有数据发送或接收的时钟。

(2) SDA：双向串行数据/地址输入或输出端，用于器件所有数据的发送或接收。

(3) A0、A1、A2：地址输入端。这些输入脚用于多个器件级联时设置器件地址，当这些脚悬空时默认值为 0。使用 AT24C02 最多可级联 8 个器件，如果只有一个 24C02 被总线寻址，这三个地址输入脚 A0、A1、A2 可悬空或连接到 GND。

（4）WP：写保护。如果 WP 引脚连接到 VCC，所有的内容都被写保护，只能读。当 WP 引脚连接到 GND 或悬空，允许器件进行正常的读/写操作。

（5）GND：接地。

（6）VCC：电源端，接＋5 V 电源。

2. AT24C02 芯片的操作时序

AT24C02 支持 I^2C 总线数据传送协议。I^2C 总线协议规定：任何将数据传送到总线的器件为发送器，任何从总线接收数据的器件为接收器。数据传送是由产生串行时钟和所有起始停止信号的主器件控制的，主器件和从器件都可以作为发送器或接收器，但由主器件控制传送数据发送或接收的模式。

AT24C02 芯片的结构、
引脚、工作原理

I^2C 总线协议定义：①只有在总线空闲时才允许启动数据传送。②在数据传送过程中，当时钟线为高电平时，数据线必须保持在稳定状态，不允许有跳变，时钟线为高电平时，数据线的任何电平变化将被看作总线的起始或停止信号。

1）器件寻址

如图 6-5 所示，时钟线保持高电平期间，数据线电平从高到低的跳变作为 I^2C 总线的起始信号，数据线电平从低到高的跳变作为 I^2C 总线的停止信号。

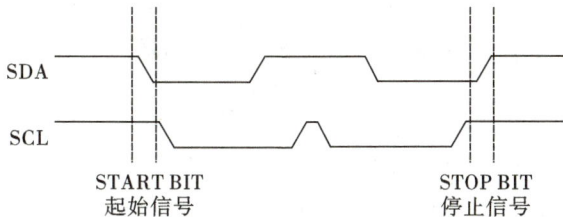

图 6-5　AT24C02 起始/停止时序

主器件通过发送一个起始信号启动发送过程，然后发送它所要寻址的从器件的地址。8 位从器件地址的高 4 位固定为 1010，如图 6-6 所示。接下来的 3 位 A2、A1、A0 为器件的地址位，用来定义哪个器件及器件的哪个部分被主器件访问。从器件 8 位地址的最低位作为读写控制位。"1"表示对从器件进行读操作，"0"表示对从器件进行写操作。

在主器件发送起始信号和从器件地址字节后，AT24C02 监视总线，并当其地址与发送的从地址相符时响应一个应答信号（通过 SDA 线）。AT24C02 再根据读写控制位 R/W 的状态进行读或写操作。

1	0	1	0	A2	A1	A0	R/W

图 6-6　AT24C02 从器件地址位

2)应答信号

I²C 总线数据传送时，每成功地传送一个字节数据后，接收器都必须产生一个应答信号，如图 6-7 所示。应答的器件在第 9 个时钟周期时将 SDA 线拉低，表示其已收到一个 8 位数据。

AT24C02 在接收到起始信号和从器件地址之后响应一个应答信号，如果器件已选择了写操作，则在每接收一个 8 位字节之后响应一个应答信号。

当 AT24C02 工作于读模式时，在发送一个 8 位数据后释放 SDA 线并监视一个应答信号。一旦接收到应答信号，AT24C02 继续发送数据，如主器件没有发送应答信号，器件停止传送数据且等待一个停止信号。

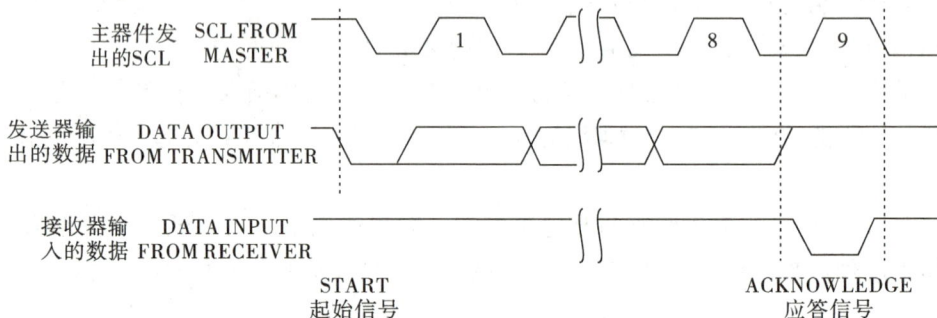

图 6-7　AT24C02 应答时序

3)写操作

AT24C02 的写模式有字节写和页写两种。字节写模式时序如图 6-8 所示。在该模式下，主器件发送起始命令和从器件地址信息(R/W 位置零)给从器件。在从器件产生应答信号后，主器件发送 AT24C02 的字节地址，主器件在收到从器件的另一个应答信号后，再发送数据到被寻址的存储单元。AT24C02 再次应答，并在主器件产生停止信号后开始内部数据的擦写。在内部擦写过程中 AT24C02 不再应答主器件的任何请求。

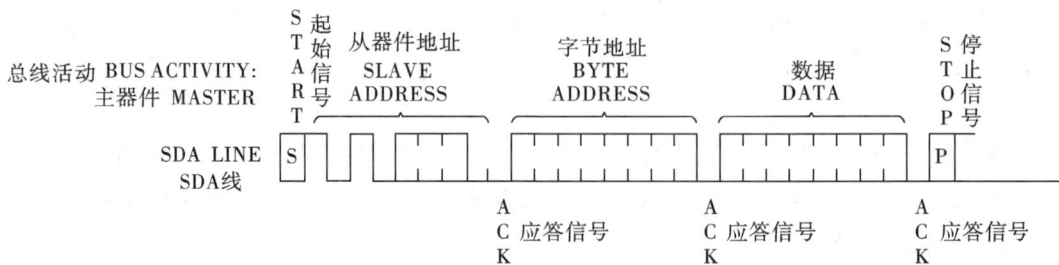

图 6-8　AT24C02 字节写时序

4)读操作

AT24C02 读操作的初始化方式和写操作时一样，仅需把 R/W 位置为 1。有三种不同的读操作方式：立即地址读、选择读和连续读。

(1)立即地址读(图 6-9)。

AT24C02 的地址计数器内容为最后操作字节的地址加 1。也就是说，如果上次读/写的操作地址为 N，则立即读的地址从地址 $N+1$ 开始。如果 $N=E$(对于 24C02，$E=255$)，则计数器将翻转到 0 且继续输出数据。AT24C02 接收到从器件地址信号后(R/W 位置 1)，它首先发送一个应答信号，然后发送一个 8 位字节数据。主器件不需发送一个应答信号，但要产生一个停止信号。

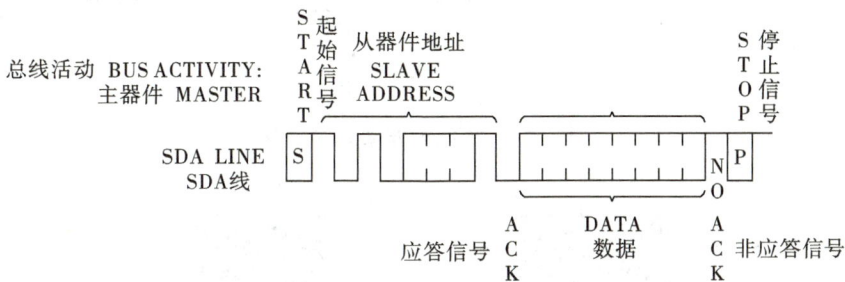

图 6-9　AT24C02 立即地址读时序

(2)选择读(图 6-10)。

选择读操作允许主器件对寄存器的任意字节进行读操作，主器件首先通过发送起始信号、从器件地址和它想读取的字节数据的地址执行一个伪写操作。在 AT24C02 应答之后，主器件重新发送起始信号和从器件地址，此时 R/W 位置 1，AT24C02 响应并发送应答信号，然后输出所要求的一个 8 位字节数据，主器件不发送应答信号但产生一个停止信号。

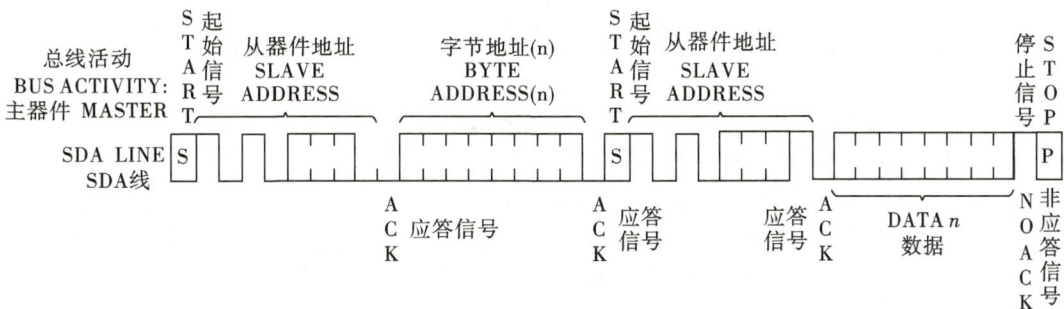

图 6-10　AT24C02 选择读时序

(3)连续读(图 6-11)。

连续读操作可通过立即读或选择读操作启动。在 AT24C02 发送完一个 8 位字节数据后，主器件产生一个应答信号来响应，告知 AT24C02 主器件要求更多的数据。对应每个主机产生的应答信号，AT24C02 将发送一个 8 位数据字节；当主器件不发送应答信号而发送停止位时结束此操作。

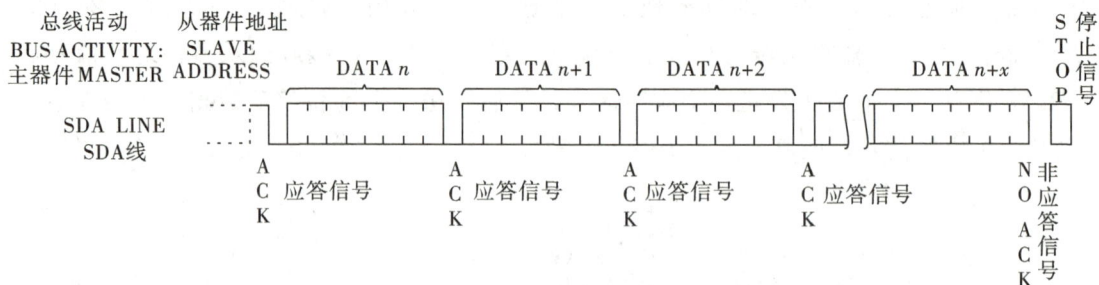

图 6-11　AT24C02 连续读时序

松乐 5 V 继电器引脚
功能及工作原理

松乐 SRD 系列继电器
产品使用手册

任务实施

一、定时开关的硬件电路设计

1. 实时时钟电路的设计

请绘制定时开关的实时时钟控制电路。

定时开关的实时时钟控制电路	评价

2. LCD1602 液晶显示电路的设计

请绘制定时开关的 LCD 液晶显示电路。

定时开关的 LCD 液晶显示电路	评价

3. 继电器控制电路的设计

请绘制定时开关的继电器控制电路。

定时开关的继电器控制电路	评价

4. 定时开关的硬件电路设计

请绘制定时开关的硬件电路。

定时开关的硬件电路(可另附纸)	评价

三、元器件清单

根据定时开关电路原理图确定电路所需元器件，并列出定时开关所需元器件清单（表6-2）。

表6-2　元器件清单

序号	元器件标号	元器件名称	数量
1			
2			
3			
4			
5			
6			
7			
8			
9			
10			
11			
12			
13			
14			
15			
16			
17			
18			
19			
20			

【思政要点】：通过对 DS1302 定时芯片的学习，树立正确的时间观念，培养珍惜时间的意识。通过了解赛斯电子推出的时频同步 SoC 芯片，支持"北斗"系统，使"北斗三号"全球卫星导航系统星座部署提前完成，树立科技自信，激发科技创新的意识和科技报国的情怀。

电路原理图

源程序

焊接过程及成品图片

定时开关实物测试

拓展项目 6　设计一种可遥控的定时开关

1. 项目要求

本拓展项目以现有的定时开关为基础，在现有定时开关的基础上增加远程控制功能，即设计一种可远程控制的定时开关。

项目要求：

(1)通过 LCD 液晶显示器显示年、月、日、星期、时、分、秒，同时还可以显示定时开始时间和结束时间。

(2)通过按键手动设置时间、日期及定时开或者定时关的时间。

(3)通过继电器控制定时开关的通断，当开关闭合时，LED 指示灯亮，当开关断开时，LED 指示灯灭。

(4)能够通过遥控器实现开关的控制。

任务清单

序号	任务内容	任务要求	验收方式
1	完成方案设计	(1)查阅资料，完成设计方案； (2)绘制系统框图； (3)设计符合电子产品设计规范及要求	材料提交
2	完成硬件电路设计	(1)绘制电路原理图； (2)列出元器件清单	材料提交
3	完成程序设计	(1)绘制程序流程图； (2)编写程序； (3)可以利用 Proteus 软件进行仿真调试	材料提交
4	焊接硬件电路	(1)利用万能板完成定时开关电路的组装与焊接； (2)电路测试	实物
5	完成软硬件调试	(1)软硬件联机调试； (2)电路功能测试	实物

2. 制订设计方案

查阅资料，讨论完成项目设计方案，并制订项目工作计划。

项目设计方案及工作计划工单

1. 根据设计要求简述项目设计方案
2. 绘制系统框图

3.项目相关内容	
(1)项目所需基本元器件	
(2)项目完成所需相关工具及软件准备情况	
(3)项目所需相关其他辅助材料	

4.人员分工及进度安排

内容	姓名	时间安排	备注
电路设计			
程序设计			
Proteus 仿真调试			
电路组装焊接			
软硬件联机调试			

二、定时开关的程序设计

请查阅资料，结合相关知识编写定时开关的程序。

定时开关程序（可另附纸）	评价

3. 项目实施

按照设计方案共同讨论完成定时开关的硬件电路设计、程序设计、Proteus 仿真调试、电路焊接及软硬件联机调试等。将项目的实施情况及遇到的问题等填写到项目实施单中。

表 6 - 3　项目实施单

项目内容	项目设计内容	实施情况及问题反馈
硬件电路设计	1. 绘制电路原理图	
	2. 列出元器件清单	
	<table><tr><td>序号</td><td>元器件标号</td><td>元器件名称及规格</td><td>数量</td></tr><tr><td></td><td></td><td></td><td></td></tr><tr><td></td><td></td><td></td><td></td></tr><tr><td></td><td></td><td></td><td></td></tr><tr><td></td><td></td><td></td><td></td></tr><tr><td></td><td></td><td></td><td></td></tr><tr><td></td><td></td><td></td><td></td></tr><tr><td></td><td></td><td></td><td></td></tr></table>	
	（行数不够可另附纸）	

项目内容	项目设计内容	实施情况及问题反馈
程序设计（可另附纸）		
电路焊接与调试（实物照片）		

4. 改进及总结

对于项目中存在的问题，查阅资料，讨论确定改进方法，并记录。

项目改进及总结

项目改进 要点记录	
项目收获 及总结	

参考文献

[1]张靖武，周灵彬，李百明．智能电子产品设计与制作[M]．北京：电子工业出版社，2020．

[2]张毅刚．单片机原理及接口技术(C51编程)[M]．北京：人民邮电出版社，2020．

[3]杨立宏，彭建宇，袁夫全．智能电子产品设计与制作[M]．北京：电子工业出版社，2015．

[4]陈贵银．51单片机技术应用教程[M]．北京：人民邮电出版社，2022．

[5]孟凤果．单片机应用技术项目式教程(C语言版)[M]．北京：机械工业出版社，2022．

[6]殷庆纵．电子产品辅助设计与开发[M]．北京：电子工业出版社，2014．

[7]束慧，陈卫兵．单片机应用技术项目教程[M]．北京：人民邮电出版社，2019．

[8]郭志勇．单片机应用技术项目教程[M]．北京：人民邮电出版社，2019．

[9]吴险峰．单片机创新开发教程．北京：人民邮电出版社，2022．